啤酒选择困难症的治愈良方

无啤不欢

——100款好啤酒的故事与品鉴

赵云志　尹　毅 / 著

人民邮电出版社

北　京

图书在版编目（CIP）数据

无啤不欢：100款好啤酒的故事与品鉴 / 赵云志，
尹毅著. -- 北京：人民邮电出版社，2018.2
ISBN 978-7-115-44252-9

Ⅰ.①无… Ⅱ.①赵… ②尹… Ⅲ.①啤酒－品鉴
Ⅳ.①TS262.5

中国版本图书馆CIP数据核字(2017)第249505号

内 容 提 要

人人都能喝啤酒，但会享受啤酒则需要智慧。在面对品种繁多的进口啤酒时，你是否有严重的选择困难症？面对酒瓶上那些修士、古堡、狮子和鹰的图案时，你能否完全搞懂其背后的含义？如何才能从众多选择中找到自己喜欢的啤酒风格？如何跟着啤酒来一场跨越地球两端的旅行？本书就是你的答案。

这里并不局限于精酿，书中介绍的啤酒很容易在超市或网店买到，因此不会仅仅是关于啤酒文化和风格的纸上谈兵，而是看到即可以喝到。本书第1章将纷繁复杂的啤酒风格划分为8个大类，教你用听、看、闻、品、触这五种感官体验来欣赏啤酒，分析啤酒那复杂的香气与味道从何而来。第2章~第5章与你一起探索传统的德式啤酒、绅士的英式啤酒、经典的比利时啤酒和时尚的美式啤酒。第6章则深入其背后，介绍啤酒对人类历史的贡献、啤酒的酿造过程、如何选择酒杯等，让你成为一个懂得欣赏、更懂得享受啤酒的发烧友。

本书适合啤酒爱好者阅读。

♦ 著　　　　赵云志　尹　毅

　　责任编辑　李天骄

　　责任印制　周昇亮

♦ 人民邮电出版社出版发行　　北京市丰台区成寿寺路 11 号

　　邮编　100164　　电子邮件　315@ptpress.com.cn

　　网址　http://www.ptpress.com.cn

北京东方宝隆印刷有限公司印刷

♦ 开本：700×1000　1/16

　　印张：14.75　　　　　　　　　　2018 年 2 月第 1 版

　　字数：276 千字　　　　　　　　2018 年 2 月北京第 1 次印刷

定价：79.00 元

读者服务热线：(010)81055296　印装质量热线：(010)81055316
反盗版热线：(010)81055315
广告经营许可证：京东工商广登字 20170147 号

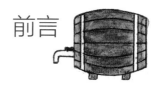

前言

做个明白的消费者，更做个"懂啤帝"

曾几何时，国人能够喝到的啤酒品种寥寥无几，当年的五星啤酒甚至非常抢手。现在，虽然在饭馆里喝啤酒的人很多，但又有多少人对啤酒的风格有所了解，知道其背后蕴藏的历史和文化，又对酿造知识掌握一二呢？

最近几年，国内能够买到的进口啤酒种类越来越多，价格越来越低，其在超市所占的货架大有超越国产啤酒的趋势。很多人在选购时被促销活动所诱导，有些人只简单看看国别，有些人大致看看类型（所谓的黄啤、白啤、黑啤，其实并不准确），买来的啤酒是比以往有了更多风味。但如何才能进一步挑选出真正优秀的啤酒？它们都有哪些特点、背后又有哪些故事呢？这就是本书想为你展开的一幅画卷。

当办公室同事拿着一瓶时尚流行的福佳白对你侃侃而谈，说这款啤酒味道多么特别，带有柑橘和柠檬味道……你肯定会羡慕他的品位和知识吧？别急！把本书看完，你会成为更厉害的"懂啤帝"。

风格与酒款并重

我们通过不同途径喝到的啤酒品牌繁多，风格各异。如何才能在看似杂乱的啤酒世界中抓住规律、理清脉络呢？这把钥匙就是啤酒风格。只有把握了风格，才能将不同的酒款各就各位。在品尝某一款啤酒前，如果你了解了它的风格属性，那么就会提前对其色泽、香气和口味特点有预知。反过来，对于某种风格下具体酒款的品尝，也有助于你对这个分类特点的了解。

　　啤酒风格与酿造方法、国家和地区、酿造工艺、色泽、酒精度和所用原料等多种因素有关。很多媒体都介绍过国外的一张啤酒风格图，从一级分类的拉格和艾尔，到最细小的风格类别，共有 4 个层级，大小风格共有 130 多种。可以说看懂这张图就对全世界的啤酒有了比较准确的认识。本书的主旨就是帮助读者看懂这张图，并将国内容易买到的啤酒与具体风格对应起来。

　　为了更加简单易懂，本书特地将风格的层级进行了简化。第 2 章至第 5 章的二级标题均为主要风格，二级标题之间并非全是并列关系，也有从属关系。一些细小的风格类别被放在了描述文字内而没有独立出去。三级标题是该风格具体对应的酒款，既有酿酒厂的背景介绍，也有具体风味的描述。并非本书未介绍的酒款就不好，这里只是汇集了国内外公认的部分知名酒款，供大家参考。

讲述你身边的啤酒

　　本书介绍的具体酒款以国内市场相对容易买到的为主。如果将楼下小区便利店就能买到的啤酒定义为购买难度 0，而只有出国并到酒厂所在城市才能喝到的啤酒定义为购买难度 10，那么本书所选酒款大部分均在难度 5 以下。在国内的大型超市、精品超市、知名电商平台都能够比较容易地买到，部分风格则可以在精酿啤酒酒吧喝到。当然，书中介绍的部分风格和酒款在国内依然很难见到，但相信随着国内市场的扩大，更多国际知名啤酒会来到我们的面前。

目录

第 章

上天造水，人类造酒

第 2 章

微醺传统之旅——德式啤酒

第 3 章

微醺绅士之旅——英式啤酒

第 4 章

微醺经典之旅——比利时啤酒

第5章

微醺酒花之旅——美式啤酒

第 6 章

啤酒里的门道
- -

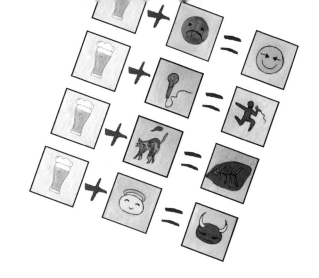

第 1 章
上天造水，人类造酒

啤酒是上天爱我们并愿意让我们开心的证明。——本杰明·富兰克林

啤酒让你感受到没有啤酒时应有的感觉。——亨利·劳森。

这是美国精酿酒厂最喜欢引用的一句名言。这句话出自澳大利亚诗人和小说家亨利·劳森，意思就是生活本应快乐，但现实往往让我们不开心，啤酒能让我回到应有的那种快乐且放松的感觉和状态中。

毫无疑问，啤酒是人类历史上伟大的发明。——美国作家戴夫·巴里

啤酒在人类历史上曾代替了满是细菌的水，使人们躲过黑死病的肆虐。在炎热的夏日，清爽的啤酒为人们解渴消暑。在寒冷的冬夜，烈性而浓郁的啤酒帮助人们抵挡严寒，带来温暖。在辛苦劳作后，啤酒使人们放松。它色彩斑斓，气味芬芳。在狂欢时，我们不必在意，只管畅饮。在独自一人的午后，也可以坐在窗边，悠闲而细致地品尝它的千般滋味。啤酒没有葡萄酒那种贵族式的高傲，它平等地对待所有人。它价格低廉，人人都能承受。它容易生产，任何地点均可以酿造。它既代表传统，也可以代表时尚。啤酒也是标志，它可以代表一个乡村、一个城镇甚至一个国家，即使你距离它的故乡有万水千山，只要把它送入口中，就仿佛完成了一次旅行和冒险。它的香气和味道就代表了故乡所有的故事。啤酒的伟大就在于它十分平凡，啤酒的成就就在于它让人们找回真正的自我。

啤酒风格知多少

根据啤酒的色泽、酿造方法、酒精度数、原料和产地的不同，世界上的啤酒分为一百多种风格，艾尔和拉格仿佛伊甸园中的亚当和夏娃，是根据发酵工艺进行区分的最基础类型。德国人钟爱清爽且麦芽味纯粹的拉格，而比利时和英国人偏爱传统且果香明显的艾尔。美国凭借出色的啤酒花和席卷全球的精酿运动，也能够在这个庞大的风格体系中与这三个啤酒传统强国分庭抗礼。钟爱葡萄酒的法国人在啤酒风格的版图中几乎没有发言权。

如果将德国、英国、比利时和美国放入一个坐标系中，那么比利时无疑处于风格多样性的最高点，相隔不远的两个小镇就会拥有截然不同的啤酒。而德国几乎被拉格一统天下，相对单调一些。英国处于内敛柔和的坐标轴顶点，任何过分的香气和味道都不被接受，而美国则处于它的对立面，浓重的香加上极度的苦使得一切都那么时尚而张扬。

国家、色泽再加上烈性程度这三个要素成为大部分风格的基调，例如德式深色拉格、英式淡色艾尔、比利时深色烈性艾尔等都是以此命名。在展开介绍这些风格前，我们本着先简后繁的原则，将这一百多种风格归为八大类型，你可以根据自己的喜好进行选择。

清爽解渴型

还记得那句广告词吗？清爽感动世界。对于皮尔森、淡色拉格和美式辅料拉格（大部分国产啤酒属于此类）来说，清爽是主打特色。这些啤酒颜色更浅、味道更淡、二氧化碳更多。清爽啤酒往往具有较干（指不甜腻）的回味，冰镇后是夏天祛暑解渴的佳品。它也是最适合畅饮干杯的一类。当然这里也有优劣之分，优秀的皮尔森虽然清爽，但能够品尝到麦芽甜香与酒花苦味之间的完美平衡，清爽却不寡淡。而被大家诟病的工业拉格不仅淡如水而且缺乏个性，虽然品牌不同但味道一样。清爽解渴型啤酒是国人日常接触最多的啤酒风格。

历史上啤酒替代水扮演了重要角色，而现今清爽型啤酒就是这一角色的延伸。但酿造出淡金黄色且清澈透明的啤酒却需要酿酒师掌握软水和低温发酵技术，直到 1842 年皮尔森啤酒的诞生，人类才拥有这种类型的啤酒，之前的艾尔啤酒均为深色。

麦芽传统型

麦芽型啤酒不以清爽为目标，它追求更加丰富的麦香，突出谷物的香味，包含坚果和面包的味道，是进阶的啤酒爱好者的选择。即使喝一杯，也会让你的味觉获得一次从未有过的满足感，更可以让身体获得滋养。一般酿酒师会使用多种类型的麦芽来打造这样的口味，也会用啤酒花的苦味进行适当平衡。麦芽型啤酒包括了英式淡色艾尔、苏格兰艾尔、慕尼黑深色拉格和德式黑啤等。

酒花时尚型

试想庄园里的英国绅士拿着温润的英式淡色艾尔，悠闲平静地欣赏这杯啤酒的香气和味道，他全身放松，怡然自得，在若有若无、似与不似的香气和味道中仔细品味与赏玩。但这样的啤酒能适合喧闹的酒吧或餐厅吗？显然此时需要一款即使环境喧闹，菜肴辛辣油腻也能尽显独特个性的啤酒，这就是酒花型啤酒。这类啤酒具有强烈的柑橘香气，浓郁的西柚和松香。它放弃了苦甜平衡的原则，无所顾忌地用酒花吸引人，收口中那强烈的苦味既让人难以接受又让人上瘾。麦芽的甜香在酒花型啤酒中退居次席，从此啤酒具有了时尚个性的新装。美式淡色艾尔和美式 IPA 均属于这个类型。

暗黑复杂型

透明清爽的啤酒虽然带来视觉上的愉悦，但深棕色或完全不透明的黑色啤酒则暗示着丰富的内含甚至营养成分。暗黑复杂型啤酒在酿造过程中使用了高烘烤程度的巧克力麦芽或黑麦芽，甚至是燕麦。这使得啤酒具有奶油状的粘稠口感，它能够带来咖啡、黑巧克力、烤面包、烤坚果的味道，还带有熟透的深色水果（李子、樱桃等）香味。帝国世涛、波特、棕色艾尔都属于此类，它们也是冬季暖身的好选择。

古法烟熏型

在现代的麦芽烘干工艺出现之前，酿酒师普遍采用干燥的木材作为燃料烘烤麦芽，这就会让啤酒带有烟熏或烧烤的风味，就像你在烧烤摊旁边闻到的味道。当然此类啤酒都属于古法酿造，生产厂家已经不多。德国班贝格的什伦克拉烟熏三月啤酒是为数不多的幸存者。

水果香料型

有了麦香和酒花香，自然也少不了水果香。这类啤酒具有鲜明的特色，通过添加水果和香料会让啤酒具有独特的风味，啤酒花的苦在这个类别中被限定在很低的范围，以免抢了主角的戏份。苦与甜的平衡变为酸与甜的较量。它既包含了德国小麦啤酒这种具有原生水果香味的类型（成熟香蕉和丁香气味），也包括福佳白这种直接添加香菜籽与苦橙皮的类型，这是很多爱好者步入高品质啤酒的第一级台阶。

修道院神秘型

比利时修道院啤酒神秘而另类，味道层次最为复杂，从中能够品尝出各类深色水果的味道，还有丁香、胡椒、肉桂等香料气息，也不缺少巧克力、焦糖和坚果的风味。同时较高的酒精度、独特的酵母和多次发酵工艺让口感非常特别。这个类型可以算是以细品为主要目的的最佳选择，在看球和聚餐时还是别考虑它了。

酸味另类型

当浓香与强烈苦味的美式 IPA 被人熟知后，啤酒爱好者的味蕾需要被另一种大胆新颖的味道所刺激，这就是酸味啤酒。它是当今冉冉升起的啤酒明星，不同层次多种程度的酸味刺激两腮，开始你会觉得不习惯，但慢慢就会喜欢上这种味道。它仿佛高贵的香槟给生活带来优雅与品质。兰比克、法兰德斯红艾尔、柏林白啤和比利时农场赛森都属于这一类型。

如何才能看懂她的美

未见其形，先闻其声

听是大部分喝酒的人都忽略掉的一个欣赏步骤。声音是先导，它给了你关于这款啤酒的第一个信号。用起子开瓶瞬间，声音是清脆还是闷、响亮还是柔和、向杯中倒酒时啤酒与酒杯接触的声音、泡沫破裂的声音、酒瓶里的声音都传递着信息。二氧化碳含量高，在瓶内进行二次发酵的啤酒开瓶时会有更清脆响亮的声音，而灌装时密封工艺不过关的啤酒开盖时往往声音很闷。在往杯中倒入皮尔森时，瓶中会发出悦耳的撞击声，而倒入浓郁的燕麦世涛时，瓶中的声音会更低沉浑厚。调动起你的耳朵，是欣赏啤酒的第一步。

用眼睛 "喝" 酒

  试着用眼睛 "喝" 酒。我们对事物做出判断时，视觉提供最直接的素材，喝啤酒也是一样。后续你对香气和味道的认知离不开眼睛获得的信息。观察可以帮助你增强或改变对一款啤酒的认识。所以，一定不要向美剧里那样对着酒瓶或易拉罐直接喝，而是要找一支精致的玻璃杯，把啤酒倒进去。同时，观察并欣赏啤酒的泡沫（也叫酒头）、泡沫消失后挂壁的 "蕾丝"、色泽、通透度、啤酒中不断升起的二氧化碳气泡、沉淀在杯底的酵母等等。在喝宝汀顿（Boddingtons Pub Ale）等带有氮气阀的啤酒时，你一定会被杯中上下翻滚如云雾般的景象所迷倒。

像查尔斯王子一样闻世界

  最近查尔斯王子被吐槽，说他什么东西都要闻一闻，在各地访问时，他闻过面包、奶酪、咖啡、蘑菇、蛋糕，当然还有啤酒。其实网友不知道，这是懂得食物的高手才会有的举动，而且在公众场合比拿起来大吃大喝更有风度。啤酒倒入杯中后会释放很多芳香物质，有的来自于酵母发酵产生的酯类，有的来自于啤酒花中的芳香精油，如果错过这一步必定会大幅度缩减品酒的乐趣。

啤酒的香气会有麦芽香、面包香、花香、蜂蜜香、各类果香等等，将鼻子靠近泡沫表面，你仿佛置身于异国的花园里或者站在面包新鲜出炉的蛋糕房中，那绝对是一种享受。如果手拿一杯美式 IPA，那么闻甚至比喝更加享受，那醉人的柑橘香不亚于任何一款名贵香水。此时，一个能聚拢香气的杯子非常重要，例如带有收口设计的郁金香杯。有些酿酒师甚至先用手按住杯口以积攒香气，然后再用鼻子深吸一口啤酒的芳香。

巧妙的味觉平衡

啤酒的味道当然是重点，除非你只想把自己灌醉。味道与香气密不可分，美式 IPA 闻起来与喝起来都有浓郁的柑橘味。但有些则不同，美式淡色艾尔闻起来具有明显的甜香，然而喝起来甜味并不明显。

啤酒的味道也分为入口瞬间、中间阶段和从喉咙咽下去后的收口回味三个阶段。传统的欧洲啤酒会在麦芽甜与啤酒花苦之间具有良好的平衡，通常是甜在前，苦在后，这样就能有一个干净利落的收口，从而促使你再继续喝。因为任何有味道残留在口中的食物或饮料，时间一长都会令人习以为常或感到腻烦，酿酒师就是通过在味道中设置一对矛盾，让它们相互抵消，从而进行中和的，这样你就永远喝不腻。

但美国精酿的出现打破了甜苦平衡的千年准则，他们使用美国酒花的柑橘香和松香迷倒了世人，同时也将麦芽打入低谷。

不容忽视的口感

除了味道，啤酒给口腔带来的其他感受也很重要。想一下我们平时吃的东西，薯片是脆、芋头是糯、果冻是Q弹、冰激凌是冷、红茶是温、石锅拌饭是烫、蚕豆是硬、蛋糕是软、年糕是黏、冰镇饮料是清爽、奶茶是顺滑、粥是浓稠、疙瘩汤是糊嘴、鱼肉是嫩、十成熟的牛排是老、关东糖是耐嚼、水蜜桃是多汁、甘蔗要半天才嚼出点汁、红烧肉是油腻、白灼生菜是爽口等，这些都是口感。

所有饮酒的人似乎更重视味道，而口感往往被人忽视。啤酒的口感主要由其中包含的蛋白质带来，这些蛋白质无法被酵母转化成酒精。水质的软硬也会对口感产生重要影响。

那么啤酒带来的口感具体包括哪些呢？

啤酒入口后口腔首先感到的是二氧化碳气泡带来的刺激，这与可乐等碳酸饮料带来的感觉一致。这些气泡可以带来刺痛感，啤酒专家称之为杀口感。二氧化碳含量越高，越破坏口感。工业拉格通常杀口感强，当然其中的二氧化碳少部分来源于自然发酵，而更多是来自于人工添加。比利时自然发酵的兰比克啤酒则二氧化碳含量很低。

第二种口感就是与酒体的密度相关，低密度的皮尔森给人畅快清爽的口感，而高密度的帝国世涛则给人浓郁厚重的口感。显然这样的口感暗示了味道的多寡以及适合哪种季节。第三种是酒体粘性，由于分子间的引力差别带来流动性不同，这样啤酒在口腔和咽喉部位停留的时间也有差异。有些啤酒能够迅速流入喉咙，而有些则粘性更强，在口腔驻留时间长，带来柔滑的口感。

啤酒花中还含有单宁，这种会让口腔感觉涩的物质在葡萄酒中最为常见，可以说是葡萄酒的灵魂。这种涩的感觉是由单宁和唾液中的蛋白质进行反应而产生的。单宁是一种天然的酚类物质，广泛存在于各类植物、种子、木头、树叶和水果皮当中。仔细回忆一下，当你口中感觉涩的时候是否会联想到干渴？是的，对于口腔来说这两种感觉非常接近，所以最精明的啤酒酿酒师利用单宁来创造出让你口渴的感觉，这样你就会一而再再而三地端起酒杯。这种重要的口感在啤酒中被称为干（味觉中的干指的是不甜，而口感中的干则与口渴一致）或者收敛感。其他口感还包括：奶油、精致、粗糙、单调、尖锐、清新、辛辣等。

为了获得丰富的口感体验，喝啤酒时不要干杯豪饮，而要让每一口酒在口中与舌头充分接触。酿酒师喝酒时的嘴部动作会让人感觉他在漱口，其实这是让舌头的每一个部位都与啤酒充分接触，体验那种啤酒带来的感受。

味道与香气

麦芽的贡献

麦芽是啤酒的灵魂。它由大麦发芽而来，发芽过程可以激活淀粉酶，这种酶可以将麦芽中的淀粉转化为酵母的食物——单糖。不同烘烤程度的麦芽可以为啤酒带来不同的色泽，还能带来不同的味道。

- 淡色的基础麦芽可以带来的味道包括：饼干、白面包、吐司（切片面包）、麦片粥、蜂蜜（一些德式皮尔森就具有怡人的蜂蜜香味）等。

- 水晶麦芽（一种能够让结晶糖一直保留，不被酵母转化的麦芽）可以带来的味道包括：焦糖（将白砂糖加热而来，酱肉时炒糖色就是焦糖）、太妃糖、麦芽糖。
- 烘烤程度最高的黑麦芽可以带来的味道包括：咖啡、烧烤味、黑巧克力、烟草、普洱茶、甘草、牛奶巧克力、烤坚果（榛子或核桃）、燃烧的木头味等。
- 特种麦芽（包括小麦麦芽、烟熏麦芽、黑麦制成的麦芽等）可以带来的味道包括：烤肉味、威士忌酒味、小麦、葡萄干、奶油、草药、坚果以及辛辣的味道。

啤酒花带来的苦与香

啤酒花给啤酒带来苦味以抵消麦芽汁的甜腻，这样啤酒就不是一杯甜饮料，而是能让你日常饮用不会腻的佳酿。你会感觉到啤酒中有类似烤糊的馒头或黑锅巴的苦味，有些高苦度的啤酒会让你感觉有类似喝完中药嘴里残留的那种挥之不去的苦味，另外还可能有泥土气息以及胡椒的辛辣。其实，从人类的本能来讲，苦味暗示着有毒，所以婴儿都不愿意吃苦的食物。但人类也有爱冒险的本能，成年后甜味往往不让人喜欢，不同程度不同倾向的苦味反而能让人着迷。日常喝的茶和咖啡都有苦味。

回忆一下你吃过的苦味食物，夏日里苦瓜清凉微苦但十分去火，可以算是入门的轻苦味。感冒冲剂可以算是标准程度的苦，但还能接受。而要是让你喝一碗刚熬好的中药汤，那苦味可够人受的，这算是重度苦了。酿酒师不能通过这种比喻和形容词来定义苦味的程度，所以需要一个更加严格的单位。这就是国际苦味单位 IBU，1IBU 相当于 1 升啤酒中包含 1mg 的苦味物质（啤酒花中所含的 α-酸经过煮沸后形成异构 α-酸，它是苦味的主要来源）。普通国产啤酒喝不出来太多苦味，其 IBU 在 10 ~ 15，而美式 IPA 苦味极强，喝完在嘴里萦绕不去，它能够达到 70 ~ 100IBU。部分美式啤酒会在酒瓶上标注 IBU 数值，而其他国家一般不标注，或者在官网上才有数据。

啤酒花还是啤酒的香料，就像我们在炖肉时放的花椒和大料。它的芳香精油能够给啤酒增添香气，它包含的精油多达十几种，根据啤酒花的品种和产地会有很大差异。

- 由欧洲（主要是德国和捷克）啤酒花带来的香气和味道包括：青草、草本植物、核果类水果（桃、杏、李子、枣等）、花朵的气味。
- 由英国啤酒花带来的香气和味道包括：浆果（类似草莓和桑葚）、非热带的水果（苹果和梨）、木头、接骨木花（淡淡的苦香）、灌木丛、胡椒的气味。

- 由美国啤酒花带来的香气和味道包括：柑橘、西柚、菠萝、红色浆果、草本植物、花朵的味道。
- 由南半球（主要是新西兰）啤酒花带来的香气和味道包括：黑醋栗（即黑加仑，带有水果酸味）、葡萄、柚子、热带水果（芒果、百香果、木瓜等）、刚刚修剪过的青草气味。

　　除了香型以外，香气和味道的强度也有很大差异。欧洲和英国的啤酒一般香气不明显，非常含蓄，你需要仔细闻和品尝才能感受到淡淡的酒花香。而美国和新西兰则格外强烈，如同香水一般，扑鼻而来。当然，除了酒花品种原因外，美国酿酒师采用的冷泡方式也是香气和味道浓郁的原因。

硬水软水大不同

　　水是啤酒的身体。在历史上，啤酒曾经替代被污染的水，从而挽救了成千上万欧洲人的生命。但含有矿物质较多的硬水无法做出金色清透的皮尔森风格啤酒，对于深色的波特和世涛来说它反而能够带来黄油般丝滑的口感，当然水质过硬也会让啤酒出现不好的硫磺味（泡温泉时泛起的味道）、石膏（几十年前刷墙的白灰气味）和矿物味。

软水制作的啤酒通常清爽透亮，解渴宜人，但在冬季需要一杯浓郁厚重有滋味的啤酒时，软水通常无能为力。

酵母不仅贡献酒精，也贡献香味

乙酸异戊酯

酵母是啤酒的灵魂，是神奇的自然力量。它将麦汁中的单糖转化为酒精和二氧化碳的同时还产生大量酯类物质，这是啤酒香气的关键。各类水果和鲜花的气息都来自于酯类物质。酯类物质种类繁多，几乎每种都带有不同的水果香和花香。例如甲酸丙酯具有菠萝、苹果和李子的香气；乙酸异戊酯具有成熟香蕉的味道。咱们不说那些难懂的化学物质，就单说酵母能够带来的香气和味道有：梨、草莓、杏仁、玫瑰花、茶香、泡泡糖味等。酿酒师使用不同类型的酵母，就会给啤酒带来不同的香气和味道，尤其是在艾尔啤酒中香气更加明显。所以，比利时家族酒厂往往会收集上百种啤酒酵母，经常使用的也有数十种。而且这些酵母会被当成传家宝一样代代相传，是家族酒厂最核心的商业机密。

除了这些果香，酵母本身也会给啤酒带来一些基础风味，包括干净清洁的味道，就像家里刚擦过地板后的气息，还会带来淡淡的胡椒辛辣味。在比利时兰比克风格啤酒中，酿酒师使用空气中的野生酵母，它会带来类似农舍的气味（当然有点像牲畜排泄物的气味啦，有些人唯恐避之不及，但还真有人喜欢这种气味）、乳酸的味道（类似于不加糖的酸奶）、柠檬的果酸味和白醋那实打实的酸味。

啤酒也会用木桶

葡萄酒和威士忌都是在木桶中熟成，这种方法也启发了啤酒的酿酒师，他们有的使用新橡木桶，有的则使用葡萄酒厂或威士忌酒厂用过的二手木桶，为的就是让更多的香味进入到啤酒中，从而获得更丰富的味觉体验。由于木材纤维多孔，里面自然会有一些有益细菌、乳酸菌和野生酵母，在啤酒熟成过程中能够产生很多微妙的味道，包括辛辣味、木材的香味、烟熏的味道（类似烧烤摊旁边的气味）、香草的味道等。一般经过木桶熟成的啤酒价格较高，而且并非一年四季都酿造，只在特定时间才会出厂

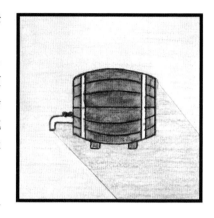

一批，往往会引来大量啤酒爱好者排队抢购，如同新款 iPhone 发布一般。

更直白的香料

前面所有的主要原料都是间接与含蓄地给啤酒增添香气和味道，其发生作用的过程复杂，背后有众多的生化原理，很多酿酒师终其一生苦心钻研，才能小有成果。但现代社会的生活节奏加快，我们在餐馆里往往需要香味更加锐利鲜明的啤酒，才能调动起本已疲惫迟钝的感知器官。于是，很多啤酒使用各种香料来直接提升香味，包括香菜籽（比利时白啤中使用）、大料（增添辛辣味）、杜松子（让啤酒获得金酒般的风味）、香草豆荚（让世涛获得香草冰激凌的味道）、接骨木果实或花朵、橙皮、桂皮、辣椒、甘草等。

酒精是香味的助推器

酒精是酵母发酵的产物，但酒精度升高时同样会杀死酵母。所以，正常情况下啤酒的酒精度不会超过 13%。酿酒师也在培养那些对酒精耐受能力强的酵母，但更高度数的啤酒一般都采用低温蒸馏技术获得。

糖 ＋ 酵母 ＝ 酒精+CO$_2$

　　酒精会给口腔带来温暖感，度数高的则会产生灼烧的刺激感，那股冲劲会从口腔直升到鼻子。当然，啤酒的酒精冲劲无法跟白酒相比，但啤酒中的各种香味会依托于酒精的挥发，扶摇直上。好的啤酒不会有非常明显的酒精刺激，而是将其平衡在麦芽和酒花的味道中，不会让其喧宾夺主。这也是比利时大部分高度数啤酒的特点。

第 ② 章
微醺传统之旅
——德式啤酒

在德国人的性格中，既有办事严谨认真的一面，又有激情澎湃的一面。德国人偏爱低温发酵的拉格啤酒，将其他杂味去除，获得清澈透明、麦香纯粹的风格，就仿佛他们的办事风格一样，一板一眼，客观严谨。世界知名的纯酒令更是从法律角度限定了啤酒的原料，保证了其品质。

德国啤酒还体现了重要的地域特点，从命名上就能看出，很多啤酒的名字都是在当地小城的名字后面加上"er"得来。例如，小镇爱英（Aying）生产的啤酒就叫爱英格（Ayinger）。一方面这是由于神圣罗马帝国时期境内小王国林立，相互之间贸易交往受到阻碍。另一方面，在小规模生产和运输不便的条件下，啤酒就是在很小的地域范围内的农业产品，很有点当地特产的意思。

在大部分德国人心目中，只有德国啤酒才是真正的啤酒。随着美国精酿运动的蓬勃发展，世界各地的传统啤酒风格都受到了巨大冲击，美国啤酒花的浓郁香气已经替代了德国的传统麦香，无论英国还是比利时，都有大小酒厂跟随这种潮流而动，但在德国却很少见。

波希米亚皮尔森（Bohemian Pilsner）——喜忧参半的啤酒新时代

要开启啤酒之旅，先让我们从1838年讲起。这时的中国正处于第一次鸦片战争的前夕，林则徐在广东开展了轰轰烈烈的禁烟运动。当然，战争还没有打响，清朝贵族们依然过着悠闲的生活。从饮酒习惯上讲，达官显贵偏爱掺入各种养生食材的养生酒。而民间老百姓多饮用白酒和黄酒。这期间虽然在宫廷宴会上出现了香槟，但啤酒直到1900年左右才出现。

虽然本章介绍德国啤酒，但是这个起点却在捷克。1838年，捷克处于奥匈帝国的统治下，捷克西部的波希米亚地区从中世纪以来一直有着繁荣的文化和较强的经济实力。当地人对啤酒的喜爱甚至超过了邻居德国。今天，虽然捷克人口只有一千多万，但绝对堪称啤酒大国。年人均啤酒消费量达到162升，居于世界首位。捷克西南部的皮尔森州与德国巴伐利亚接壤，省城皮尔森市距离慕尼黑比较近，两地啤酒文化交流颇多。

皮尔森古泉酒厂大门的今夕对比，从这个双拱门中走出的不仅是高品质的皮尔森，就像打开了潘多魔盒一样，今后那些给啤酒带来坏名声的工业拉格也被释放出来。

此时，皮尔森市依然采用传统的上层发酵方式酿造艾尔啤酒，但这种啤酒发酵温度高，在当时的技术条件下，有害细菌容易繁殖，造成啤酒的腐败变质。而酒厂普遍采用提高酒精浓度，增加啤酒花数量来解决。这样酒色暗淡浑浊，酒精度高，不适合日常饮用，最重要的是口感不稳定。这也反映出艾尔啤酒最大的弊病就是无法适应大规模生产，难以保证高产量下的品质稳定。1838 年，酷爱啤酒的皮尔森市民忍无可忍，出现了骚乱，愤怒的市民砸烂了很多橡木制的大桶啤酒表示愤怒。他们希望能喝到品质更好更稳定，就像隔壁巴伐利亚邻居已经喝上的淡色艾尔（Pale Ale）啤酒那样。于是，政府出面开办了公立酒厂，就是现在知名的皮尔森之源（Pilsner Urquell），也有翻译为皮尔森古泉。

即便在当时，人才也是最难得的。对于啤酒厂来说，酿酒师是最重要的岗位。于是，捷克人从巴伐利亚聘请了酿酒师约瑟夫·格罗尔来负责研发工作。没想到这个严谨的德国人还真有创新精神，他没有走淡色艾尔酿造工艺的老路，而是开创了在低温环境下的下层发酵新技术。然而，当时制冷设备还没有出现，于是约瑟夫带着工人，在酒厂地下 17 米深的古老岩层中开挖了长达 9 公里的大型地窖。这里可以容纳 5700 个储存啤酒的橡木桶，而且可将温度常年控制在零摄氏度左右。在很长一段时间内，这个庞大地窖成为其他模仿者无法成功超越的重要因素。

任何创新都离不开天时、地利、人和，三个条件缺一不可。约瑟夫有了政府的支持、有了巴伐利亚的技术积累，而来到皮尔森后他发现"地利"这个要素简直达到了完美的程度。首先是水，大部分地下水经过岩层的过滤，都会有大量矿物质溶解在水中，从而形成钙镁离子和化合物较多的硬水。对于清爽型啤酒来说，硬水碱性偏高会让啤酒产生涩味，再与啤酒花带来的苦味混合，口感会很差。但深色艾尔的制作过程中，麦芽碳化程度高，酸性也随之增加。这样与碱性的硬水组合在一起就能相互中和，获得很好的平衡，增进麦芽的焦香。由于英国和爱尔兰很多地区的水质偏硬，水中含有较多的碳酸钙，所以反而适合酿制波特和司陶特等类型的啤酒。其实，约瑟夫的家乡慕尼黑也是水质偏硬，如果用这样的水来酿造，为了澄清酒体而特意选用浅色麦芽，发酵率会很低。但在皮尔森市，约瑟夫发现从地下 90 米深处获得的水是少见的超软水，其中矿物质含量很少，这样在极低的钙离子条件下，就可以酿造出晶莹剔透的效果。另外，皮尔森北部萨切克市出产清爽持久略带草药香气的萨兹（Saaz）啤酒花以及捷克本土出产的颗粒大、发芽率高的二棱大麦也是成功的左膀右臂。

1842 年，第一桶皮尔森啤酒诞生，这也是世界首款金色啤酒，而且酒体透亮，味道清爽，麦香纯粹，没有其他杂糅进来的干扰味道。皮尔森啤酒诞生之时正赶上欧洲铁路建设的高峰，在铁路的帮助下，皮尔森啤酒迅速销往欧洲各地，它成为拉格啤酒的开端，凭借独特的视觉特征和口味开创了一个新的时代，从此下发酵技术被推广开来，成为现代啤酒工业的基础。

皮尔森之源（Pilsner Urguell）
——苦后清香

讲了半天皮尔森之源的故事，那么它的味道如何呢？可以说，皮尔森之源定义了波希米亚皮尔森风格，开创了整个拉格大类的历史。从品质上也对得起这一标杆地位。它给人的第一印象就是金黄的色泽和通透的酒体，散发着浅色麦芽和萨兹酒花的香气，气味纯净，没有艾尔啤酒的酯类物质。入口后啤酒花的苦味最先出现，短短几秒后麦芽的甜香会出来进行平衡，让苦味消失殆尽，渐渐地甜也所剩无几，不会留下腻人的感觉，二者相互平衡谁也压不倒谁。于是，你会下意识地再喝第二口，并且一直停不下来。工业拉格给你的淡如水的印象此时会被一扫而光，虽然是一样的清淡色泽，但绝对很有滋味。

捷克百威（Budweiser Budvar）
——可能是最正宗的百威

现代皮尔森啤酒有四大分支，其发源地的风格被称为波希米亚皮尔森，还有德国皮尔森、美式皮尔森以及美式帝国皮尔森。如果你看到啤酒外包装上有 Pilsner、Pilsener 或 Pils 字样，那么就代表这是皮尔森啤酒。与中国市场上以美式辅料拉格为主的国产啤酒相比，皮尔森啤酒香味更加浓郁，不仅是刚刚踏入酒坛的初学者了解啤酒的良好开始，而且由于其酒精含量不高，口感清爽，也很适合朋友聚餐时畅饮。

波希米亚皮尔森不仅包含了皮尔森古泉，还有捷克百威。我们熟悉的百威（Budweiser）是美国品牌，全球第一大啤酒制造商。而捷克百威（Budweiser Budvar）不仅不是它的分公司，而且号称是更正宗的百威。当然，二者从生产工艺到口味也相差甚远。捷克百威口感明显厚实很多，味道的层次丰富，更有发烧友将其形容为天堂般的香气，华丽而疯狂。双方就商标注册问题打了多年的官司，最后欧盟出面，裁决井水不犯河水，双方各自划分销售区域，互不干扰。包括中国在内的亚洲市场划给了美国百威。因此，在中国销售的捷克百威名称是百得福。

德式皮尔森（German Pilsner）

从 1842 年开始，由波希米亚和巴伐利亚共同开创的皮尔森风格登上啤酒的历史舞台，以一股清新之风，乘着工业化的快车席卷全球。甚至将统治了啤酒行业数千年的艾尔打倒在地，几乎消灭殆尽。德国人同样钟情于这种口味纯净，几乎没有发酵带来的果香，更加突出麦香且适合畅饮的金色啤酒，于是皮尔森风格到了德国更加枝繁叶茂。

碧特博格皮尔森（Bitburger Premium Pils）——清新德国风

碧特博格酒厂成立于1817年，以所在城市来命名。小城碧特博格位于德国西南部的莱茵兰－普法尔茨州（Rheinland–Pfalz），美因兹（Mainz）为该州首府，也有一支大家熟悉的德甲球队。小城碧特博格几乎守在了德国与卢森堡的边境线上。

碧特博格的原厂酒杯造型与众不同，将传统皮尔森的锥形杯与高脚杯设计融合，让人爱不释手。碧特博格啤酒杯家族，从左到右为：考尼格、卡力特、碧特博格、万奈士和力兹堡。

虽然皮尔森风格已经诞生，但在专利权非常严格的欧洲大陆，并非任何想生产皮尔森的酒厂都能立即上马。1883年，碧特博格酒厂获得了德国莱比锡最高法院的授权，成为德国首款皮尔森风格啤酒的生产商。在没有制冷设备的1910年，碧特博格就已经采用了隔热式火车车厢来运送啤酒。碧特博格酒瓶上的标志与其他德国啤酒传统的盾徽样式大相径庭，这一设计源自1929年的"鉴赏家"平面广告，图中一位手持一杯皮尔森的绅士仿佛在侃侃而谈，介绍这款啤酒的精妙所在。再加上1951年就开始采用的广告语：Bitte ein Bit（请来一杯碧特博格），二者的组合依然体现在了现今的碧特博格酒瓶上。

　　和大多数德国酒厂一样，碧特博格在"二战"中被毁，但战后碧特博格迅速恢复生产，到现在成为了德国最大、最现代化的啤酒厂之一。除了碧特博格皮尔森外，旗下还有考尼格（Konig）和万奈士（Wernesgruner）皮尔森，以及德国最知名的黑啤卡力特（kostritzer），出色的小麦啤酒百帝王（Benediktiner）和力兹堡（Licher）。另外，在中国市场上碧特博格作为代理商还引进了很多知名德国啤酒，例如后面介绍的维森（Weihenstephaner）。

　　碧特博格皮尔森如水晶般清澈，淡金色的酒体中不断升腾起气泡，带来一种青草的清新气味。啤酒花的苦味从开始贯穿到结尾，其中穿插了饼干似的麦香以及淡淡的蜂蜜味、花香以及辛辣味道。碳酸对于口腔的刺激较强，但酒体轻盈干净。

弗伦斯堡皮尔森（Flensburger Pilsener）——来自北德的高端皮尔森

　　弗伦斯堡皮尔森是德国北部最具代表性的皮尔森，以更加大胆直接的啤酒花苦味而著称。弗伦斯堡位于德国最北部，地处日德兰半岛，与丹麦接壤。酒瓶上的徽标有大海和帆船，正是这座港口城市的特征。

　　锥形翻转瓶盖是经典的啤酒瓶盖形式，无须开瓶器用手就能开启，而且能够听到类似开启香槟时"砰"的一声。这种玻璃瓶包装比易拉罐更能够保持啤酒的风味。在大部分酒厂都改为现代瓶盖甚至易拉罐的时候，弗伦斯堡酒厂依然坚持使用这种传统翻转瓶盖。

　　凭借地理位置的优势，弗伦斯堡皮尔森以源自北极的地下冰川河水酿造是其一大特点。德国北部的皮尔森最大特点是啤酒花用量大，苦味重但有更加丰富的回味。弗伦斯堡皮尔森就使用了有机啤酒花，用量达到普通的三倍。而且采用二次糖化工艺，这样酵母能够把剩余的糖继续发酵，因此酒中的糖分可以降得很低。所以弗伦斯堡皮尔森属于干啤，低热量低糖。即使身体有些发福的朋友也可以更加无顾虑地饮用。由于啤酒花中的苦味成分 α-酸有预防糖尿病的功效，所以这款啤酒充满了健康元素。

　　弗伦斯堡皮尔森闻起来气味清新柔和，口感上麦芽味道更轻，只出现在开始阶段，很快就会被强烈的酒花味道所掩盖，直到回味阶段。由于二氧化碳含量高，碳酸与苦味结合让清爽的感觉更加强烈，因此在夏天饮用绝对是一种享受。

沃森皮尔森 (Warsteiner premium pilsener) ——汉莎航空的选择

　　如果你不喜欢苦味过重的德国北部皮尔森，那么来自于德国西部北莱茵－威斯特法伦州的沃森皮尔森一定能满足你的味蕾，它带有一股鲜明的蜂蜜香气。在德国汉莎航空公司的飞机上，空姐就会给你骄傲地介绍这款德国啤酒。

　　说起北威州，喜欢足球的朋友一定不陌生，德甲中多特蒙德、杜塞尔多夫、科隆、杜伊斯堡、勒沃库森等多支球队均来自这里。从多特蒙德往东不远就会到达小城瓦尔施泰因（ Warstein ），沃森啤酒就产自这里，每年欧洲最大的热气球节也会在这里举办。这里拥有大片森林，环境清新无污染。

　　沃森皮尔森的包装就透着一股华丽的风范，全身披着金甲而且非常简洁，与超市货架上那些大红大绿的包装相比，沃森简直就是一个贵族。倒入杯中后，酒体颜色依然是金黄。泡沫丰富，但跟其他没有添加辅料（玉米和大米等）的啤酒一样，泡沫消失得也比较迅速。由于北威州毗邻比利时，在那里人们酿造啤酒时不仅添加各种水果、香菜籽和橘皮，还添加白砂糖。这在德国都属于违法行为，但是北威州的皮尔森也受到了比利时的影响，浓郁的蜂蜜香气就是其最大特征。沃森皮尔森口感虽然有清爽的基调，但只要一入口就会感觉到浓郁的蜂蜜香气并贯穿始终。这种味道虽然不是直接的甜，但能让你联想到甜香的感觉。

　　在国内的大型超市中能够见到的沃森皮尔森有两种包装，分别是500ml的易拉罐和330ml的玻璃瓶，虽然按照容量来算后者稍贵，但玻璃瓶能够更好地保存啤酒的风味。

怡凯悠皮尔森（EKU Pils）

　　巴伐利亚的啤酒风格自成一派，与德国其他地区差异明显。而巴伐利亚州北部的库尔姆巴赫（Kulmbach）啤酒厂高度密集，堪称啤酒之都。

　　得益于当地的超软水，库尔姆巴赫出产的怡凯悠皮尔森具有出色的品质。与苦后清香的平衡型皮尔森相比，EKU 的麦芽甜香更加明显，能够品尝出隐约的焦糖风味，口感层次更加丰富，给人纯粹但不简单的印象。

考尼格皮尔森（Konig Pilsner）

　　考尼格酒厂于 1858 年在德国西部的杜伊斯堡建立，逐渐成为德国一流皮尔森的代名词。在市场策略上，考尼格赞助了多个运动项目，包括足球、冰球、网球等，当获得胜利后畅饮考尼格皮尔森成为深入人心的概念。

万奈仕皮尔森传奇（Wernesgruner pils Legende）

　　万奈仕的历史甚至可以追溯到 1436 年，从德国东部萨克森州的一个小村庄发展壮大，至今已经有近 600 年的历史。

　　万奈仕又是一款苦味较重的皮尔森，源自德国哈勒陶地区的优质啤酒花给了它优雅的苦味；麦芽甜香相对较弱，能够品尝到煮熟的土豆和淡淡的柠檬味道。在炎炎夏日，绝对是一款解渴又让你无法罢手的佳品。

多特蒙德拉格（Dortmunder Large）

　　可以说，皮尔森开创了拉格啤酒的先河，但二者并不是同一个概念。拉格是更大的啤酒类别，代表了所有用下发酵工艺生产的啤酒。而皮尔森只是拉格下的一个分支。拉格啤酒种类繁多，口味各异。从满足大众消费的清爽淡色拉格、维也纳啤酒的琥珀色拉格，到风味浓郁的深色拉格和黑啤，应有尽有。德国人对于这种口味纯净，适合畅饮的啤酒情有独钟，甚至将很多采用艾尔工艺生产的传统啤酒风格用拉格进行了改造，产生了庞大的德国拉格体系。我们先从与皮尔森最为接近的淡色拉格讲起。

　　多特蒙德是德国鲁尔工业区的核心，那里有众多的产业工人，自然有旺盛的啤酒需求。

在拉格酿造方法诞生后，这里自然也是最早将拉格进行工业化大规模生产的地方。很快，多特蒙德就成为德国西部啤酒制造业的中心，甚至能够与南部的慕尼黑分庭抗礼。

德国大奔（DAB）——完美平衡的淡色拉格

多特蒙德拉格实现了完美的平衡，它介于偏甜的慕尼黑淡色拉格和偏苦的皮尔森之间。目前我们在超市能够看到德国大奔（DAB）多特蒙德出口型拉格，价格也非常实惠。这款啤酒的名字也有翻译成德贝的，但大奔让人联想到奔驰。其外包装以绿色为主，在超市的货架上与众多同样颜色包装的国产啤酒非常接近，很容易被淹没其中。如果对德国拉格啤酒缺乏了解，很容易忽视它。

将大奔多特蒙德出口型拉格倒入杯中，泡沫丰富而且持久。如果使用笛型高脚酒杯，泡沫的形状会更加漂亮。该酒带有雨后青草和淡淡的泥土味，非常清新。颜色为淡金色，给人最大的感觉是极为通透。想象一下，在城市中你看惯了公园里比较浑浊的湖水，再去九寨沟看到清可见底的湖水，那将是多么大的视觉享受。大奔就给人这种感觉，但千万不要被其通透所迷惑，它可不是一款平淡如水的啤酒，与之外表相反，它的口味劲道，入口稍带麦芽的甜香，后味能够感觉到啤酒花的苦味。这种外表和实际内容的反差带给人惊喜，绝对是酿酒师有意设计的结果。

博克啤酒（Bock）

随着工业拉格遍布全球，越来越多的啤酒爱好者开始反感这种淡得缺乏滋味也缺乏个性的啤酒。拉格的名声也随之下降。至少很多刚开始了解啤酒知识和文化的人会抱有这种观点。其实，拉格是个庞大的啤酒门类，其中不乏让人回味不尽的高品质啤酒，博克啤酒就是其中的代表。

严谨又有创造力的德国人，围绕公山羊竟然设计了如此多的博克啤酒海报。

博克啤酒诞生于德国中部的一个小城——艾因贝克（Einbeck）。德国北部拥有出海口，在 13 世纪时，商业和贸易比南方以农业为主的巴伐利亚更加发达。当时的德国还是由多个小王国、公国和自由城市组成的，并没有形成真正意义上的统一国家。以汉堡、科隆和不莱梅等自由城市为核心成立的汉莎同盟曾经垄断了波罗的海地区的贸易，兴盛一时。德国啤酒的出口从那时起就已经开始。艾因贝克地处汉莎同盟的势力范围的最南端，位置刚好是德国中部，因此能够衔接南北。这里是较早使用啤酒花的城市，酿造工艺也比较先进。更重要的是这个小城在冬季酿酒时，慢慢培养出了适合低温环境下发酵的酵母。这也为拉格的诞生奠定了基础。博克啤酒就诞生在这里，它以麦香浓郁、口味醇厚、更加烈性而著称。

艾因贝克的博克啤酒不仅向北通过汉莎同盟销售到北欧地区，而且受到了南部巴伐利亚人的欢迎。要说巴伐利亚也是善于吸收外部先进技术的地区，于是用高薪从艾因贝克挖了一名酿酒师，开始自己生产博克啤酒。由于巴伐利亚人的口音，慕尼黑人对于艾因贝克的发音听起来就像"一只公山羊"（"ein Bock"），因此这种啤酒被称为博克"Bock"。从此，公山羊的形象也总出现在这类啤酒中。

保拉纳萨温特啤酒（Paulaner salvator）——真正的液体面包

巴伐利亚人不仅学到了技术，而且将其发扬光大，生产出了诸多类型的博克啤酒。其中，将原本已经属于烈性范畴的博克推向更加烈性的就是双料博克（Doppelbock）。1629 年，慕尼黑的保拉纳修道院啤酒厂首创了双料博克啤酒，用 Salvator（救世主）来命名。这个名字曾一度被众多啤酒厂用于自己生产的双料博克上，直到保拉纳将其注册为商标，才停止使用。但保拉纳以"ator"为后缀的命名方式仍被很多酒厂沿用，至今德国专利局有超过 200 个后缀为"ator"的商标。当你看到酒瓶上出现这样的词汇时，那一定是双料博克啤酒。

保拉纳萨温特酒精度达到 7.9%，原麦汁浓度 18.3，但其依然是采用下发酵工艺的拉格啤酒。由于使用了黑麦芽酿造，它的颜色已经呈现出红铜和琥珀色。气味中带有麦芽的甜香和深色葡萄干味，入口时碳酸刺激恰到好处，不会像香槟那样过度。味道的显著特点就是大量谷物的香气，还有焦糖和太妃糖风格的微甜，深色水果的芳香。虽然酒精度较高，但几乎不会过分突出，抢了麦香的地位。口感上比较浓郁顺滑，保留了拉格啤酒易于饮用的特点。

双料博克是真正意义上的"液体面包"。

　　除此以外还有颜色更浅、啤酒花风味稍微有所体现的五月博克（Maibock）或称浅色博克。所谓五月就是指春季开始酿造，到五月熟成，可以饮用。原料中添加小麦，具有成熟香蕉和丁香气息的小麦博克（Weizenbock）。深色博克（Dunklerbock）比琥珀色更深，带有一些黑巧克力味道和烧烤香气。最具传奇色彩的是冰馏博克（Eisbock）啤酒，据说在一次意外中，木桶装的博克啤酒在冬季的室外结冰，酒厂工人不愿意浪费，把冰剔除后喝掉了剩余的啤酒，没想到味道异常醇厚。误打误撞发明了一种提纯的方法，于是形成了冰馏博克啤酒。酒体颜色甚至达到了红宝石色，香气非常强烈，几乎尝不到啤酒花的苦味，而更加突出的是各种果香和烤面包香气。通过这种方法酿造的冰馏博克最高酒精度可以达到57%。

冰馏博克（Eisbock）将这一风格推向极致。比较知名的包括施耐德（Schneider Eisbock）冰馏博克和库尔姆巴赫冰馏博克（Kulmbach Eisbock）。

维也纳拉格（Vienna Lager）——最美丽的拉格

拉格啤酒的多样化也体现在色泽上，我们大多数时候见到的都是清澈透明，带有浅麦秆色的国际拉格。而为拉格披上漂亮颜色的第一个分支就是维也纳拉格，这是一种琥珀色甚至达到红铜色的啤酒，色彩非常漂亮，让人眼前一亮。所以有时候也用琥珀拉格（Amber Lager）来称呼。维也纳拉格是奥地利酿酒师安东·德雷尔（Anton Dreher）将拉格啤酒的清爽与英式艾尔啤酒的色泽相结合而开创的。在麦芽的选择上，他使用了烘烤程度更深，上色能力更强的维也纳麦芽，所以呈现出这样的色彩，而且会带有一些烧烤的味道。这类啤酒是在皮尔森诞生后出现在维也纳的，后来被慕尼黑人继承，就是现在的慕尼黑啤酒节啤酒

（Oktoberfest）。同时，也在美国精酿运动中在新大陆被发扬光大。

塞缪尔·亚当斯波士顿拉格（Samuel Adams Boston Lager）

美国的塞缪尔·亚当斯波士顿拉格（Samuel Adams Boston Lager）就是现在新大陆上维也纳拉格的代表。这款啤酒于 1985 年在美国被波士顿啤酒公司复刻成功，由于其特色鲜明迅速在美国取得了成功，至今该酒厂已经成为美国精酿啤酒的典范。之所以用塞缪尔·亚当斯的名字来命名啤酒，是因为他不仅是美国独立战争时的重要领导人，参与了波士顿"倾茶"事件，而且是一位酿酒师。塞缪尔·亚当斯波士顿拉格采用了 4 种麦芽和非常稀有的德国哈勒陶出产的 Mittelfrueh 贵族啤酒花（精油含量高的香味啤酒花）。不仅泡沫十分丰富，深琥珀色的酒体通透诱人，而且能够闻到焦糖、蜂蜜和一丝深色水果的香气。口感上相当甜蜜怡人，入口时麦芽甜香浓郁，甚至包含蜂蜜和苹果的味道，焦糖味道持久自然。最后啤酒花的苦味会出现加以平衡。总之，这是一款颠覆你对拉格传统印象的高水准杰作，如果用经过两年才设计出来的原厂酒杯品尝，还会将品酒体验提升 20%。

三月啤酒（Marzen）

　　德国《纯正啤酒法》对于原料的限制规定尽人皆知，但很少有人知道这部法律中还规定了酿酒的时间。它规定每年 4 月至 10 月不能酿酒，因此 3 月成为最后的酿酒时机，各酒厂用剩余的全部麦芽和啤酒花制作出一批啤酒，放到地窖中发酵半年，在 10 月份的慕尼黑啤酒节上市，这样就能有一个好的销路。这种做法颇有一些现代企业根据淡旺季调整生产的意思。于是就诞生了三月啤酒，也有的根据其发音翻译成梅尔森啤酒。

　　讲到三月啤酒，就不能不介绍一下慕尼黑啤酒节。慕尼黑啤酒节是全世界啤酒爱好者最盛大的节日。1810 年 10 月，巴伐利亚王储路德维希迎娶了萨克森王国的公主特蕾西娅，在慕尼黑举行了盛大庆典。从此，这一庆祝活动被保留了下来，在每年 10 月举行。慕尼黑啤酒节的名字 Oktoberfest，就是"十月节"的意思，是不是看着有点像 October。在 200 多年间，只有拿破仑入侵和两次世界大战期间被暂停。啤酒节上虽然有各种游艺活动和盛装巡游，但是唱主角的绝对是啤酒。对于当地的啤酒厂来说，这是一年中最重要的时间。2015 年，有5900 万人前往啤酒节，共消费啤酒 600 万升。你可能认为这里是世界各地啤酒的大聚集，其实不然，慕尼黑啤酒节上的啤酒全部被当地六大啤酒厂所垄断。当然，这六家啤酒厂都赫赫有名，如果你对德国啤酒缺乏了解，那么在面对众多德国品牌时，这六个品牌绝对是可以信赖的。

慕尼黑啤酒节的六大金刚是：斯巴登（Spaten）、HB 皇家（hofbraeu-muenchen）、保拉纳（Paulaner）、奥古斯丁（Augustiner）、哈克波修 (Hacker-Pschorr)、狮王 (Löwenbräu)。为了啤酒节，六大酒厂会推出专供啤酒，这就是慕尼黑啤酒节啤酒（Oktoberfest），并且它们联合将这一名称注册为商标，其他地区的酒厂不能使用。实际上，这款啤酒就是"三月啤酒"。

斯巴登慕尼黑啤酒节专供正宗三月啤酒 (Spaten Oktoberfest Ur-Marzen)

即使慕尼黑当地的六大啤酒厂，地位也有差异。每年的啤酒节开幕式上，慕尼黑市长上台第一个打开的就是斯巴登的专供啤酒。这家酒厂创建于 1397 年，在动辄都是上百年历史的德国酒厂中都能排在前列。在 1867 年，斯巴登就已经是慕尼黑第一大啤酒厂，而后将啤酒销往北美，成为德国啤酒的代名词之一。德文 Spaten 是铲子的意思，这也是早期啤酒生产工艺中的工具麦芽铲。而斯巴登的商标就是一把铲子，铲子旁边的字母 G 和 S 则是为了纪念传奇的酿酒师加布里埃尔·塞德迈尔（Gabriel Sedlmayr）。

在 19 世纪初期，工业革命已经在英国兴起，从纺织到酿酒行业迅速进入机器化生产，效率大幅度提高。而且，英国在对啤酒酿造的生化过程研究、发酵温度控制和蒸汽动力应用方面都更加先进。而此时的欧洲内陆，包括巴伐利亚和奥匈帝国都还处于小作坊式的手工生产阶段，产量低、效率差、品质不稳定。为此，两个来自酿酒世家的孩子被送往英国学习最新的酿酒技术，他们就是来自巴伐利亚的加布里埃尔·塞德迈尔和来自奥匈帝国的安东·德雷尔（就是前面介绍的维也纳拉格的鼻祖）。他们二人先后来到伯明翰、利物浦、曼彻斯特、谢菲尔德、纽卡斯尔等地参观学习。也正是通过这次出国留学，让加布里埃尔开阔了眼界。回到巴伐利亚后，他接管了斯巴登啤酒厂，并开始了一系列的技术创新，最终用低温发酵方式制造出了琥珀色的三月啤酒，颠覆了慕尼黑人以前仅能酿造黑色啤酒的历史。

加布里埃尔引发的酿酒革新，带来了之后的皮尔森、慕尼黑淡色拉格和多特蒙德拉格等多种风格的啤酒。不仅如此，他的一位出色的学生——雅各布森（J.C. Jacobsen）于 1845 年在丹麦哥本哈根创立了嘉士伯（Carlsberg）。1883 年丹麦嘉士伯的实验室首次分离出了酿酒酵母的纯菌株，成为啤酒酿造技术的重要突破。

斯巴登慕尼黑啤酒节专供正宗三月啤酒上的 Ur-Marzen 字样表明了斯巴登是三月啤酒的创始人。酒体颜色为深琥珀色，与秋天慕尼黑市的色调颇为一致。透过细腻的棕色泡沫，可以闻到淡淡的焦糖甜香和青草香气。口感浓郁，超过了绝大多数淡色拉格。入口时能立即感受到烤面包、焦糖、坚果、黑巧克力和黑加仑葡萄干的香味，但又不会过分甜腻。随后啤酒花的平衡恰到好处，让整个味觉在半甜和半苦之间徘徊。

窖藏啤酒（Kellerbier）——原汁原味

窖藏啤酒也称"未过滤啤酒"，属于拉格中的另类。它将拉格的清澈透明酒体变为拥有大量悬浮物的不透明状，仿佛混入了牛奶似的。德国人称其为"自然的多云天"。窖藏啤酒未经过滤和巴氏杀菌过程，因此能够更好地保留啤酒酵母以及维生素 B 族等营养成分，对人体更有益处。如果说拉格的清透符合大众的审美要求，那么在普遍关心健康的今天，窖藏啤酒则符合人们的健康理念。当你将窖藏啤酒和清透的拉格一起对比品尝时，就会很容易地发现过滤这道工艺让啤酒的风味流失有多严重。

当然，窖藏啤酒更容易腐败，因此在酒吧喝新鲜的是安全又美味的保障。目前，市面上能够看到一些听装或瓶装的窖藏啤酒，但为了防止变质，对它们还是进行了一些杀菌处理。

凯撒窖藏啤酒（Kaiserdom Kellerbier）

"凯撒"是进入中国市场较早的德国啤酒，如今在各个电商、大型超市甚至小区门口的便利店都能看到这种啤酒。凯撒啤酒来自巴伐利亚州北部的古城班贝格（Bamberg），那里曾经是神圣罗马帝国皇帝和主教的驻地，二战时这座城市未受严重破坏，保留下了较为完整的建筑，被联合国教科文组织列为世界文化遗产。雷格尼茨河穿城而过，也让班贝格有小威尼斯之称。

猛士窖藏（Monchshof Kellerbier）

猛士啤酒与前面介绍的怡凯悠皮尔森同样来自德国库尔姆巴赫啤酒厂，还包括了独特的库尔姆巴赫冰馏博克。在 1300 年左右，位于库尔姆巴赫的修道院就开始酿造啤酒。这里的修道院名为嘉布遣会（Capuchins），这个教会酿造的啤酒被称为"修士的院落"（Monks Courtyard），由于品质出色而声名远播。其实"猛士"只是音译，并没有表达出其核心，看酒标就不难发现，这款啤酒并不那么猛，而是出自修道院的修士之手。

猛士窖藏啤酒呈现出漂亮的琥珀色，朦胧浑浊如云雾一般，泛着轻微的青草香气和麦芽焦香。入口后以蜂蜜和饼干的味道进行铺垫，焦糖味非常明显，略带小麦啤酒普遍具有的成熟香蕉气息。整体口味浓郁但不过分炫目。结束时以轻微的啤酒花味道进行平衡，但并不强化。这与很多德国啤酒弱化酒花的风格如出一辙。

烟熏啤酒（Rauchbier）——
古法酿制的特色啤酒

别看班贝格地方不大，却出产了多种很有特色的啤酒。窖藏啤酒其实不算班贝格的标签，烟熏啤酒才是。在啤酒制作工艺中，大麦发芽后要经过干燥过程，停止其发芽的进程。

在 18 世纪以前，都是用柴火直接烘烤，所以麦芽会带有烟熏的味道，不论在哪种啤酒中烟熏的味道都会有残留。随着工业化的不断发展，啤酒厂掌握了无烟干燥麦芽的技术，这种烟熏的味道在大部分啤酒中消失了。然而，就像北京的果木烤鸭一样，其实烟熏的味道会很吸引人。班贝格的几家啤酒厂依然采用传统工艺，使用城市周围盛产的山毛榉木作为烘干燃料，而且这些木料要放置 3 年，经过自然干燥后才能使用，因此它能够提供独特的烟熏香气。

　　烟熏啤酒绝对是一种超级复古的啤酒类型，它能够让你品味到 18 世纪以前的啤酒风味。在酿制过程中，酿酒师会精心调配烟熏和未经烟熏的麦芽比例，从而让啤酒获得适中的烟熏味道。值得一提的是，烟熏只是作为麦芽烘干步骤，它可以嫁接到多种类型的啤酒中，例如烟熏三月啤酒、烟熏博克、烟熏小麦和烟熏慕尼黑淡色拉格，其中又以烟熏三月啤酒最具特色。

什伦克拉烟熏三月啤酒 (Aecht Schlenkerla Rauchbier)

　　最著名的烟熏啤酒要算班贝格出产的正宗什伦克拉烟熏啤酒（Aecht Schlenkerla

Rauchbier）。Aecht 在德语中是"真正的"意思，而 Rauch 则代表"烟熏"，也有翻译为"朗客烟熏啤酒"的。复古的工艺、复古的味道，当然要配合复古的包装。在所有现产的德国啤酒中，正宗什伦克拉烟熏啤酒的包装设计绝对独树一帜，字体独特，带有中世纪的风格，以羊皮卷样式呈现在我们面前。

　　这款极具特色的啤酒在世界上获奖无数，其酒体呈紫黑色，就连泡沫都带有褐色。气味带有烟熏和焦糊的味道，让人联想到黑咖啡。口感上融合了烟熏味、深度的烤面包和烤核桃的味道。如果你有机会去德国，一定要到班贝格走走，更不要错过烟熏啤酒。目前，在国内的一些酒吧和餐厅中也能够见到这款啤酒。

　　班贝格的古法啤酒中还有一种石头啤酒，是将烧得通红的石头放入麦芽汁中进行加热，石头表面产生的焦糊麦芽汁在发酵过程中会产生焦糖的味道，也非常有特色。

慕尼黑淡色拉格（Munich Helles）
——将浅色推到极致

慕尼黑淡色拉格的颜色比皮尔森更浅，苦味较淡，以强调麦芽为主。图为慕尼黑的奥古斯丁（Augustiner）淡色拉格。

　　德国啤酒具有悠久的历史。从啤酒的颜色上看，从中世纪的巴伐利亚到现在，主流啤酒的颜色不断变浅。在拉格工艺出现前，慕尼黑所有的啤酒都是焦黑色的，而低温下发酵工艺出现后，啤酒的颜色开始变成琥珀色。但是，慕尼黑的水质偏硬，无法制造出像皮尔森一样的金色啤酒。直到1870年，硬水软化的技术难关终于被突破，慕尼黑淡色拉格（Munich Helles）开始流行。德国其他很多地区如果突破技术难关，做出这种淡金色啤酒，都会直接以"皮尔森"命名，但骄傲的慕尼黑人用Helles这个词重新定义了这种风格，淡色拉格也成为德国啤酒三大基础色调之一（国内经常以"黑白黄"来描述德国啤酒，黑即Dunkel深色拉格啤酒，白即 Weizen 小麦啤酒，黄即 Helles 金色拉格啤酒）。甚至慕尼黑的 Helles 比皮尔森的颜色更浅。啤酒节六大酒厂之一的奥古斯丁推出的浅色拉格（Augustiner Helles）的颜色达到了较浅的米黄色，接近柠檬外皮的颜色。比起皮尔森，慕尼黑 Helles 进一步弱化了啤酒花，苦度更低，突出的是麦芽的香醇。如今已经成为慕尼黑啤酒节上的主角，穿梭于人群中、身穿巴伐利亚传统服饰的姑娘手捧的十几个超大扎啤杯里都是这种浅色拉格。

保拉纳慕尼黑淡色拉格
(Paulaner Munich Helles)

　　作为慕尼黑六大啤酒厂之一的保拉纳（也译为"柏龙"）自然是这种风格的主力军。保拉纳慕尼黑淡色拉格具有淡淡的金色，泡沫较大且消失迅速，会在杯壁上留下漂亮的蕾丝印记。香气中混有麦芽、饼干和坚果的气息，但你仍然能够闻到刚刚被雨水打湿的泥土气息和淡淡的花香。入口之后感觉味道纯粹，无杂味，麦香为主基调，带有些许草木清香。与清澈透明的色泽相比，你会惊讶于它具有这么浓郁的味道。

慕尼黑深色拉格（Munich Dunkel）
与德式黑啤（Schwarzbier）

1516 年，巴伐利亚啤酒纯度法颁布后，第一个在这一法律规范下诞生的啤酒类型就是 Dunkel，当时仍然是艾尔型啤酒。Dunkel 在德语中的意思是"暗"，目前在中国 Dunkel 也同样被翻译成"黑啤"。在另外一些德国啤酒上，你会发现 Schwarz 这个词，它真正代表黑啤。如果你细心观察就会发现，Dunkel 这个名称大部分时候是巴伐利亚的酒厂使用，而德国其他地区的黑啤多用 Schwarz。出口型的德国啤酒为了让全世界人民便于识别，还会增加 Black Beer 或 Dark Beer 的名称。

从颜色和口感来说，慕尼黑深色拉格（Dunkel）和德国黑啤（Schwarzbier）还是有区别的，前者色泽虽深，但仍可透光，后者几乎全部为黑色。口感上前者更加柔顺，焦糖香气更加浓郁，让人欲罢不能；而后者烧烤味道更浓，风格更加粗犷，余味更短，比较爽口。

卡力特黑啤（kostritzer Schwarzbier）
——歌德的灵感源泉

在众多的德国知名啤酒中，卡力特黑啤是其中之一。从莱比锡往西南方向行驶 50 公里，就能够发现环境优美的小城巴特 - 克斯特里茨（Bad Kostritz），这里距离古城魏玛也很近。提到卡力特黑啤，就不能不提到著名的德国大文豪歌德，在他的代表作《浮士德》中就有这样的描述："烈啤酒加烈烟，再加上爱美的小姐，这就是我的行李。"歌德甚至还写过这样一句话："我们的书籍是垃圾，伟大的只有啤酒，啤酒能够让我们快乐。"

歌德虽然出生在法兰克福，但 16 岁时就到德国东部的莱比锡学习，而且一生中的大部分时间都居住在魏玛。他最钟爱的啤酒就是卡力特黑啤，即使在写作时也要喝上几杯啤酒，以激发自己的灵感。甚至在生病期间不吃饭只喝啤酒，最后竟然奇迹般地康复。

　　如今，卡力特黑啤已经成为德国黑啤的代表。卡力特黑啤的泡沫带有浓郁的巧克力色，由于单个泡沫的体积比一般的啤酒大，因此在光线下能够看到点点反光，好像镶嵌了钻石一般。泡沫升起后再持续倒入啤酒，还有悦耳的泡沫破裂声。酒体颜色很深，即使有背光也难以照穿，呈现出幽深的黑色。入口后浓郁的咖啡和黑巧克力香气立即充满口腔，同时伴随一丝微甜。只要放置片刻，待酒体充分接触空气后，再入口时就会伴有酒花的苦味来平衡甜味，即使在最后略带干爽的回味中也能余留一丝苦味。整体上核心味道非常突出，不会夹杂水果酸味等其他味道。醇厚中又带有清爽的感觉，不失为德国销量第一的黑啤。

威尔顿堡修道院深色啤酒
(Weltenburger Kloster Barock Dunkel)

　　广为人知的修道院啤酒来自比利时，但德国的一所修道院以及它生产的啤酒完全能够与比利时的媲美，这就是威尔顿堡修道院深色啤酒。

　　威尔顿堡修道院是一个非常吸引人的地方，它位于巴伐利亚州中部，多瑙河在此流过，岩石构成的地表，经过几百万年的冲刷，河水将岩石冲刷成深深的峡谷。由于岩石坚硬，多瑙河在此处形成了60度的大转弯。造物主的神奇力量在这里展现无遗。公元600年左右，爱尔兰和苏格兰的僧侣在峡谷转弯处的峭壁旁修建了修道院。150年后，修道院被天主教修会接收。修士善于钻研学术，对于啤酒的酿造更是有独到之处。

　　威尔顿堡修道院为巴洛克风格，在绿色的群山之中，这处红顶建筑格外显眼。这也是一处很难到达的地方，如果不坐船就只能翻越悬崖峭壁，因此，修士在此可以静心隐修。修道院内部的装饰颇有艺术气息，穹顶壁画堪比圣保罗大教堂，金色的主祭坛上的屠龙骑士圣乔治骑在马上威风凛凛。他的胸前佩戴着本笃会的红色十字架，现在这也是威尔顿堡修道院啤酒的标志。修道院在 1050 年就留下了酿酒的文字记录，与后面将介绍的维森并称为德国最古老的修道院啤酒。这里的深色啤酒最为出名，要在修道院教堂下 40 米深的储藏室中低温熟成 3 个月。2008 年，这款啤酒荣获了世界啤酒大赛欧洲黑啤（慕尼黑深色啤酒）风格的金奖。

　　威尔顿堡修道院深色啤酒呈深红宝石色，香气中混有焦糖和麦芽甜香，入口就能体会到慕尼黑深色啤酒偏重麦芽的特性，带有深色水果、红糖、烤榛子以及清淡的草木味道。口感丝滑，颇有奶油的感觉。

猛士黑啤（Monchshof Schwarzbier）

　　猛士黑啤在杯中呈现深黑色，偶尔在背光下呈现出暗红的色泽，整体上颇有可乐的色彩感觉。其泡沫浓郁绵密，而且带有棕色。一倒入杯中就开始香气四溢，仔细闻会感觉到类似香草冰激凌散发出的甜香，其中夹杂着一丝草药的气味。啤酒入口时会让你很惊讶，原本黝黑浓郁的色泽会带给你那种苦和浓重的心理暗示，然而这些根本不存在。反而是一种轻盈的感觉充满了口腔。最初的味道以草药香气和甜香为主，但是二者均很快消失，不会残留很久。这样就非常适合边聊天边饮用，最终不会留有过分的余味，而且总让人放不下酒杯，想用不断的小口品尝来维持那种让人愉快的味道。不得不承认，这是酿酒师特意"设计"的。无论作家、编剧还是画家，总是通过情理之中加意料之外的组合来吸引读者和观众。猛士黑啤的酿酒师也借鉴了这种方法，在浑厚浓重的酒体后安排了一种轻盈爽快的口感，所有第一次喝到这款啤酒的人都会感到惊喜。

请注意！
以下进入艾尔啤酒的世界！

随着酒中二氧化碳的不断溢出，酒体的氧化速度加快。在最后杯中只剩下一点点酒时，啤酒花的苦味几乎消失，甜味开始更加明显。所以，要想始终获得均衡的口感，不能喝得太慢。猛士黑啤不仅口感轻盈，而且喝完一瓶后也没有酒精上头的感觉，让人头脑清醒并带有轻微的愉悦感，这更是与浓重颜色形成的大反差。

德式小麦啤酒——巴伐利亚人的最爱

中国实施进口啤酒零关税以来，无论从超市的货架还是电商都可以看到越来越多的进口啤酒品牌，这其中又以德国啤酒居多。而德国啤酒进攻中国市场的主打就是小麦啤酒。

德式小麦啤酒属于上发酵型的艾尔啤酒，由于使用了适合较高温度的艾尔酵母，它具有更加明显的香气，那种丁香花和成熟香蕉的气味非常讨人喜欢。浑浊如云雾状的酒体，与国产啤酒的清透形成鲜明对比，给人们多年来疲劳的视觉带来欣喜。口味上更是果香明显，拥有柠檬的味道。即使不经常喝啤酒的人也很容易接受。如果你刚刚接触啤酒，那么从小麦啤酒开始绝对没有错。如果你在超市中看到标签上写着"白啤"，或者啤酒罐上有 Weiss（德文"白色"）或 Weisn（德文"小麦"）字样，那么这就是小麦啤酒。

在啤酒的所有原料中，小麦绝对是最特殊的一个。如果是大麦，人们会毫不犹豫地使用，因为不用于酿造啤酒最多也就是当成饲料。而小麦则不同，你必须先牺牲掉做面包这个选择，才能用于酿酒。也就是说，小麦的主食需求与酿酒需求在产量不高的年代是一对矛盾。凡是稀缺的资源就会有更加激烈的争夺，在小麦啤酒最受欢迎的巴伐利亚就是如此。17 世纪时，小麦啤酒的酿造权被巴伐利亚王室垄断。其他民间酒厂是不能使用小麦作为原料的。王室不仅自己喜欢饮用小麦啤酒，而且向市场销售，在整个巴伐利亚地区小麦啤酒迅速风靡。通过这一形式，给王室积累了大量的财富。至今，小麦啤酒仍然占据巴伐利亚当地啤酒销售整体份额的 25% 左右，高于德国其他地区。

施耐德小麦啤酒（Schneider + Weisse）——小麦啤酒的鼻祖

啤酒风格的流行与时装的流行颇有相似之处。时尚总在是不断地更替，当一种形式长期处于主导后，人们就会感觉口味疲劳，这样就给另一种风格的啤酒留下了机会。在皮尔森风格开始流行后，小麦啤酒的地位迅速下滑。1872 年，精明的商人格奥尔·施耐德（Georg Schneider）通过谈判，从路德维希二世手中获得了酿造许可，成为第一个民间小麦啤酒品牌，至今施耐德小麦啤酒（Schneider Weisse）仍然是巴伐利亚的知名品牌。

小麦啤酒并非全部使用小麦酿造，往往还需要添加大麦进行平衡。施耐德一般使用 50% 的小麦麦芽，另外 50% 用大麦麦芽。其他一些品牌中的小麦比例会到 60%。

TAP2 水晶　TAP7 传统　TAP1 浅色　TAP11 低酒精　TAP3 无醇　TAP4 啤酒节　TAP5 酒花博克　TAP6 双料博克

我们见到的德国其他啤酒厂，一般都同时生产浅色拉格、黑啤和小麦三大类啤酒，而施耐德则更专注于小麦啤酒这个领域，并且形成了系列化的产品。

TAP1：浅色小麦啤酒

TAP2：水晶小麦啤酒（kristall-weizen）

如果将小麦啤酒中的酵母过滤掉，变为接近淡色拉格的清澈透明效果，就是水晶小麦啤酒。Kristall 就是德文"水晶"的意思。在其他酿制工艺上，二者并没有不同。当然，由于过滤掉了酵母，小麦啤酒所特有的香蕉和丁香气味会减弱很多。

TAP3：无醇小麦啤酒

TAP4：慕尼黑啤酒节小麦啤酒

TAP5：强化啤酒花的双料小麦博克

使用德国哈勒陶地区的苏菲亚 Saphir 啤酒花，带有芒果、百香果和菠萝等热带水果的香气。

TAP6：传统双料小麦博克

小麦啤酒也可以形成更加烈性的风格，这就是小麦博克和双料小麦博克。其颜色会更深，酒精度达到 8.2%。在保持小麦啤酒特有的水果味的同时，强化了焦糖和烧烤味道。

TAP7：从 1872 年起就一直沿用的酿造配方，最经典的小麦啤酒。

TAP11：酒精度低至 3.3% 的小麦啤酒，适应全球拉格啤酒的发展潮流，甚至可以全天饮用。

保拉纳酵母小麦啤酒（Paulaner Hefe-Weissbier）——运动激情

香气更浓郁的小麦啤酒是未经过滤、仍然保留酵母的 Hefe-Weissbier。Hefe 就是德文"酵母"。它保留了对人体有益的多种维生素和矿物质，因此营养价值更高；而且由于清透的国际拉格给人们带来的视觉疲劳，这种浑浊如云雾形的酵母小麦啤酒日益受到欢迎。这样，从皮尔森诞生算起，170 年来追求浅色和透明的啤酒发展趋势似乎有被逆转之势。

国内市场上，德国小麦啤酒品种众多，让人眼花缭乱。如果对啤酒不甚了解，很难做出准确的选择。我也是走了很多弯路，最终才找到自己认为最好的，当然也是最适合自己口味的小麦啤酒。一开始我并不知道哪些品牌具有技术实力，于是买了很多种小麦啤酒；虽然喝起来不错，比工业拉格要出色一些，但总觉得还应有更好的选择。一次偶然的机会，我在电视上看到拜仁慕尼黑队夺得联赛冠军后，球员们在场上用超大的啤酒杯饮酒庆祝，还相互泼酒，主持人称之为"啤酒浴"。这时我才发现了保拉纳，随后了解到这是慕尼黑六大啤酒厂之一。于是我上网买了保拉纳的酵母小麦啤酒，这才发现与之前喝过的品种完全不同，个人认为这几乎是小麦啤酒的终极选择（当然，后来又发现了教士和维森，我才知道小麦啤酒也有无穷的变化）。

保拉纳酵母小麦啤酒倒入杯中后，给人最大的感受就是泡沫的丰富超出想象，即使用专业的小麦啤酒杯，倾斜45度缓缓倒入，杯子的一侧仍然会被泡沫所占据。此时，你会闻到淡淡的麦芽香气。在同类啤酒中，保拉纳的颜色最为艳丽，超越了金黄色，接近琥珀色和橙色。这种色彩与其在运动场上展现的活力与激情颇为吻合，而其他品牌的小麦啤酒在色彩上稍显沉闷。由于沉淀的酵母没有进入杯中，酒体比较清澈；当你摇匀啤酒瓶中剩余的酒后，再次缓慢倒入杯中，酒体才开始出现云雾状的浑浊，甚至在杯底还可以看到褐色的酵母颗粒。随着云雾的产生，酒杯中呈现出近乎橘皮的橙红色，这样的色彩在所有巴伐利亚小麦啤酒中是最有特点的。

随着泡沫的渐渐消失，终于可以品尝了。入口后最先感受到的竟然是一种拆开新衣服包装时的气味，令人心情激动，仿佛一件圣诞礼物被打开。随后会有柑橘的清新味道出现，并且融入了一丝酸味；余味会在麦芽的甜与酒花的苦味中展开，二者平衡得非常好。这款带有明显水果香气的小麦啤酒，加上靓丽的色泽，会给人一种想要多饮的冲动，但其实它颇有劲道，对于普通酒量的人来说，很快便会有微醺的感觉。

教士酵母小麦啤酒（Franziskaner）
——低调内敛

在进口的德国啤酒的外包装上，最常见到的设计元素就是城堡和修道士。因此，你很容易忽视金色标签上印有一名正在畅饮啤酒的修道士的教士啤酒。然而，教士啤酒在慕尼黑绝对是响当当的大品牌，它与前面介绍的斯巴登同属一个酒厂（斯巴登-教士酒厂），也是慕尼黑啤酒节的主力之一。1363年，它作为教会的酿酒作坊出现，成为慕尼黑历史最悠久的啤酒厂之一。在国内，教士啤酒比较常见，而且已更名为"范佳乐"。

将教士小麦啤酒倒入杯中，泡沫虽然丰富，但并不像保拉纳那样达到惊人的程度。最主要的外观差异在于酒体颜色。与保拉纳接近橙皮的色泽相比，"教士"似乎暗沉了许多，只呈现出常规小麦啤酒的色泽。口感上也没有保拉纳那股明显的水果酸味。但所有这些缺乏的卖点反而能让你体会到那种小麦香气以及它最原始的魅力。成熟的香蕉和丁香味道是主导，还伴随有其他水果和酵母的香气；回味中稍微有些辛辣，但苦味很少。

维森酵母小麦啤酒（Weihenstephaner Hefe-Weissbier）——历史最悠久的德国酒厂

　　维森啤酒厂位于慕尼黑市东北部的魏亨斯特芬（Weihenstephan）。如果你从慕尼黑市中心向东北方向出发，在出城时首先会看到拜仁慕尼黑的主场安联球场；然后沿着同一方向继续前进，在机场附近的山丘上就会看到魏亨斯特芬修道院。

　　维森啤酒的历史可以追溯到公元 725 年，是世界上最古老的啤酒厂，至今你仍会在维森的外包装上看到这句话。1040 年，修道院院长阿诺德成功取得了啤酒酿造和销售执照。值得一提的是这座古老的啤酒厂还是培养酿酒师的摇篮，从 1895 年开始就设立了酿酒学院，1919 年更是与慕尼黑大学合作培养人才。这里一度成为世界啤酒酿造业的人才摇篮。1921 年，维森啤酒厂成为巴伐利亚州的公立企业，你会发现维森啤酒的徽标与巴伐利亚州的徽标完全一样（两只狮子守护着一个盾牌）。在啤酒排名网站上，最佳德国啤酒排行的前 10 名中，维森竟然占据了 4 席。

　　维森酵母小麦啤酒拥有丰富的白色泡沫。如果你用一只 500ml 的小麦啤酒杯来装，那么第一次倒酒之后要等好一会才能等到泡沫下降。这期间你会闻到酵母的气息。与保拉纳开始倒酒时的清亮相比，维森从一开始倒酒时就能看到云雾状的酒体。倒入杯中后，颜色也不像保拉纳那样偏橙色，而是更加柔和的柠檬色。全部倒完后，在杯底能看见点点的黄色酵母颗粒。酵母的外观也与保拉纳的深褐色圆柱样式有很大的区别。虽然同为慕尼黑酵母小麦啤酒，二者从口味上也相当不同。维森的酵母香气更明显，具有浓郁的成熟香蕉和香草的气息，夹杂着淡淡的蜂蜜味道；在中段你会感到比较明显的果酸，收口时有很微弱的苦味来平衡。口感光滑、富有质感，味道让人联想到香草冰激凌。可以说保拉纳更加跳跃和现代，教士更加沉稳内敛，而维森彰显着自己的霸气。

艾丁格小麦深色啤酒
(Erdinger Weissbier Dunkel)

　　艾丁格现在是德国最大的小麦啤酒厂，位于慕尼黑东北方的小城埃尔丁（Erding）。目前艾丁格的小麦啤酒出口到 90 多个国家，它也是最积极开拓海外市场的德国啤酒厂之一。在中国市场上也很容易看到这款啤酒。

　　如果在传统的小麦啤酒中增加深色麦芽，就会得到色泽更加浓重的小麦黑啤。酒体会达到琥珀色，在原先的丁香和香蕉味道中又增加了焦糖味。艾丁格小麦深色啤酒具有深琥珀色泽，能够闻到焦糖与可可粉的香气。味道上比酵母小麦啤酒少了一些成熟的香蕉味道，而多了一分焦糖的味道，颇有英国艾尔的风范。在众多品牌的小麦啤酒中，它属于较为柔和的类型，对于刚刚开始入门啤酒的人群是非常好的选择。

爱英格小麦啤酒（Ayinger Ur-Weisse）——奖杯拿到手软

　　如果说维森以历史悠久著称，那么爱英格则以善于打榜著称。从慕尼黑往东南行 25 公里就会到达小镇爱英（Aying），这里位于阿尔卑斯山北麓，风景如画，水质优良。从 1878 年以来，这个酒厂就一直由同一个家族经营，这与其他频繁更换老板的酒厂形成了鲜明对比。

爱英格生产 13 种不同风格的啤酒，产品线极为宽广，经常在世界啤酒评比中荣获多个分类的奖项。它的品质不仅得到品酒师的认可，在网上也同样得到爱好者的好评。2015 年更是荣获该网站评选的"德国最佳啤酒厂"荣誉。

爱英格小麦啤酒不仅具有成熟香蕉和丁香的味道，而且还有淡淡的柠檬、胡椒、肉桂和面包的香气。它同样几乎没有啤酒花的苦味出来平衡，整体口感清爽自然。这款啤酒连续 5 年获得"欧洲啤酒之星"金奖以及加拿大国际啤酒大赛金奖。

爱士堡小麦啤酒（Valentins Premium HefeWeissbier）——中国市场的开拓者

几年前的国内进口啤酒市场还没有现在这么繁荣，在为数不多的德国啤酒品牌中，爱士堡和瓦伦丁算是主力了。它们让国内很多啤酒爱好者开始放眼海外，从此走上了认识和发现更高品质啤酒之路。然而，很多人对于爱士堡和瓦伦丁却分不清楚。最早进入中国市场的应该是 Valentins（当时使用的中文名称是瓦伦丁，音译也很对应），其小麦啤酒颇有特色。后来增加了小麦深色啤酒。同一厂家还有"修士"这个品牌，修士的烈性让国人第一次感到啤酒还能这么烈。上述这些啤酒都属于德国爱士堡（Eichbaum）啤酒厂。

　　几乎一夜之间，啤酒爱好者发现瓦伦丁出了新包装。但仔细一看，虽然中文名称没变，但英文名称变为 Wurenbacher。据业内人士介绍，这并非原来的瓦伦丁，而是一系列新的产品。具体原因不得而知，只不过原来的瓦伦丁改称爱士堡。当然，新瓦伦丁的品质也不错，而且包装更加新颖，品种更加多样。

柏林白啤（Berliner Weisse）
——一款酸爽的啤酒

　　柏林白啤是一款极具特色的传统啤酒。它虽然同样采用小麦酿造（小麦麦芽仅占 25%，与大麦麦芽一起都在很低的温度下烘干，以保证酒体的颜色很浅），但其最大特点并不在于此，而是在酿造过程中使用了乳酸菌。这一制作酸奶的发酵菌配合多种啤酒酵母，形成了浓郁的乳酸和果酸味道，所以它也被归类到酸艾尔的范畴中。据说在传统工艺中，柏林白啤会在装瓶后进行二次发酵，由于乳酸菌需要较高的发酵温度，所以这些啤酒会在温暖的沙土中埋藏几个月。也正是由于这种酸味，让拿破仑想到了法国香槟，他称这种酒为"北方的香槟"。柏林白啤的另一大特点是酒精度低，只有3%，基本与超市里随处可见的轻啤（Light Beer）相当，这使得柏林白啤非常适合女性饮用。在炎热的夏天，它更是可以祛暑降温。在柏林当地，人们在饮用时还会加入果味糖浆来调味。掺入糖浆后啤酒的颜色五花八门，常见的是红色的覆盆子糖浆和绿色的香车叶草糖浆，而且是用吸管饮用（几千年前，古埃及人就是用吸管来喝啤酒的）。

　　与很多颇具地方特色的啤酒风格一样，柏林白啤面临消失的境地。在 19 世纪末，柏林白啤还是非常受欢迎的酒精饮料，当时的酿酒厂多达 50 家。而现在柏林只剩下两家，分别是 Kindl 和 Schultheiss。如果你去柏林旅游，一定要品尝一下这种有特色的当地啤酒。

但如果你将柏林白啤的很多特点综合起来看——低酒精度、特殊的口味、可加入糖浆调配、颜色花样多、喝法新奇，就会发现这是一种很符合现代潮流的啤酒。据美国的市场调研数据显示，美国进口或依据这种工艺精酿的啤酒，在 2015 年增长了近 200%。说不定过两年，柏林白啤也会在中国流行开来。

戈斯啤酒（Gose）——福佳白啤的咸味远亲

如果你觉得酸艾尔还不够有特色，那么我们就再加一把盐，这就是咸酸小麦啤酒戈斯。它的最大特色是在原料中增加了香菜籽和盐，获得不同的风味。如果你喜欢摄影，一定知道卡尔蔡司的故乡耶拿（Jena），戈斯啤酒就是在耶拿、莱比锡和戈斯拉尔（Goslar）这三个城市所在的地区流行。而这款啤酒也以戈斯拉尔命名。

如果在几年前，你会觉得把香菜籽用来酿造啤酒是不可思议的事，然而这两年在国内流行的福佳白啤已经让我们对这种风格十分熟悉了。实际上，二者之间确实有"亲戚"关系。在德国北部、荷兰和比利时，酸味和加香料的小麦啤酒的酿造历史非常久远。然而二者的命运却大不相同，在百威的强大推力下，福佳白啤是亚洲市场上的新星，而传统的戈斯啤酒在二战后一度失传，直到 1986 年才复活。

戈斯诞生在 16 世纪初，早期的戈斯与比利时的拉比克（Lambic）同样是依靠空气中的野生酵母自然发酵的。18 世纪，酿酒师使用艾尔酵母和乳酸菌的组合实现了相同的效果。传统的戈斯啤酒瓶造型十分奇特，由于酒体要在瓶中二次发酵，所以瓶盖并不是用软木制成的，而是用酵母产生的菌膜当成塞子，这样，随着瓶内啤酒的发酵，菌膜就可以不断抬升。

传统的戈斯啤酒风格的形成与当地的水质密不可分。与多特蒙德相似，莱比锡的水较硬，而且含有氯化物，带有咸味。这样就需要更多的味道来平衡或分散饮者的注意力，加入香菜籽（如果你亲手种过香菜就知道，播种前要把小圆球状的香菜籽轻微碾碎再播种，而在碾碎过程中香菜籽会释放出浓郁的香气）和乳酸菌就是这个目的。如果说拉格啤酒是将味道做减法，那么戈斯啤酒就是将味道做了极致的加法。麦芽的甜（60% 的小麦麦芽加上 40% 的大麦麦芽）、酒花的苦、乳酸菌的酸、盐的咸（为了强化咸味，在酿造中还会添加盐，如果你在酒吧喝还可以自己再加盐）、香菜籽的辛香全部融合在了一起，制造出了丰富的味觉体验。

当然，戈斯啤酒违反了德国纯正啤酒法，但是它作为区域特产得到了豁免权。目前，已经有国内精酿复刻了戈斯，大家已经能够品尝到其风味了。

德式黑麦啤酒（Roggenbier）
——液体黑麦面包

无论德式小麦啤酒还是柏林白啤或者戈斯，都是用小麦麦芽作为原料，而德国人一向对黑麦（一个单独的品种，不是烤黑的大麦麦芽）情有独钟。黑麦面包密度高，消化分解慢，营养丰富。当然，黑麦与大麦一样缺少面筋，如果不添加小麦面粉则无法做成面包。在 1516 年纯正啤酒法颁布之前，德国人会在啤酒原料中使用黑麦麦芽，但它与德国人的主食口粮发生了冲突，这种情况与小麦类似，从而被纯酒令排除在了原料之外，加以保护。近几十年来，将黑麦作为原料的啤酒风格被复刻，这种啤酒被称为德式黑麦啤酒（Roggenbier）。其颜色暗沉，面包香气浓郁，带有黑麦独特的辛辣味道。

　　在德式黑麦啤酒中，图恩和塔西斯（Thurn und Taxis）最为知名。这个家族本来是神圣罗马帝国的邮政大臣，其在欧洲设立驿站，采用接力的方式为皇家传递信件。其功绩是把从奥地利到比利时原本长达一个月的邮寄时间缩短为5天。至今，这个家族依然拥有巨大的财富，住在奢华的宫殿中，还酿造了德国最好的黑麦啤酒。

拉格与艾尔到底有什么不同？

啤酒世界纷繁复杂，上百种风格，数万个品牌让人眼花缭乱。然而，啤酒世界却也十分有秩序，万变不离其宗。因为，所有的啤酒都可以分为两大类型，即拉格和艾尔。对于入门的啤酒爱好者来说，搞清楚它们之间的区别，就会对整个啤酒风格的脉络有所把握。但是，如果在本书的开头就讲述拉格和艾尔的不同点，那么大部分读者很难立即明白。而当我们接触了德式拉格以及德式小麦艾尔后，现在就可以更好地把二者加以区分了。

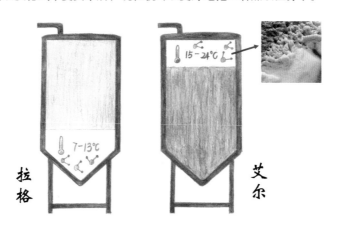

艾尔 >>

人类从开始酿造啤酒一直到 1842 年皮尔森诞生之前，就只有一种啤酒类型，这就是艾尔。艾尔不仅是一种发酵方式，而且在根本上它使用的酵母也与拉格不同。艾尔酵母的发酵温度较高，为 15 ~ 24 摄氏度；就像我们在家制作馒头，如果冬季室内暖气不足，低温会让发酵变慢或完全不发酵。艾尔啤酒在发酵时，酵母会漂浮到发酵桶上面，形成冒泡状的酵母层。它可以产生大量的酯类物质，形成多种风味和香气，例如德国小麦啤酒的成熟香蕉和丁香味，以及英国艾尔的水果香气。比利时人还会在一款酒的不同阶段使用三种以上的酵母，让其带来更多种水果风味。由于温度高，所有化学变化的速度更快，艾尔酵母的发酵时间较短，只需要 3 ~ 5 天。发酵后的熟成阶段（为了去除啤酒发酵后口味的粗糙和青涩，而进行的储藏阶段）也比较短，在 10 ~ 20 摄氏度的环境中数天就可以完成。

但是艾尔啤酒的一些特性并不符合工业化大规模生产的要求，它不太容易保存，质量不容易控制得十分稳定、生产成本高。艾尔在工业上的这些弱点到了精酿领域反而成为了优点，它可以让酿酒师有更大的创意空间，风格多变，没有拘束，最终可以获得各种口味的啤酒。另外，对于生产设备和制冷设备的要求也没那么高。英国、比利时和美国大部分知名的高品质啤酒均属于艾尔类型。

拉格 >>

拉格则是后来出现的啤酒类型，它也有着自己独特的酵母品种。艾尔酵母无法在低于 13 摄氏度的环境下发酵，但严谨的德国人会记录下每一次啤酒生产的过程。19 世纪时，他们发现曾经出现过低温发酵的情况，并以此为基础对这种能够低温发酵的酵母加以培养。这个过程有点类似人工育种，通过不断的努力，最终获得了可以在低温（7 ~ 13 摄氏度）下表现出最佳活性的拉格酵母。在发酵时，这些酵母会沉到发酵桶底部，酯类物质产生较少，虽然缺少水果香气，但能够让啤酒口味纯净，清爽自然。拉格啤酒的发酵时间也要比艾尔更长，会达到 6 ~ 10 天。熟成阶段则需要 0 ~ 4 摄氏度的低温环境，时间会长达 1 个月。

拉格啤酒也并非只有金色，从浅柠檬色、金色到琥珀色、黑色都有，有的淡如水，有的烈如火。但对于精酿来说，其发挥创意的自由空间没有艾尔那么大，而且对于生产设备和制冷的要求较高，具有一定实力的酒厂才能够跨过硬件门槛。

拉格啤酒适合工业化大规模生产，品质稳定，容易保存，可长途运输。如果你打开一罐高品质的拉格倒在杯中，与朋友一边聊天一边慢慢品尝，过了 1 小时这杯拉格啤酒的味道会依然与开始一样。而如果换成艾尔，那么味道早已发生了较大变化。这也体现了拉格更加稳定，不容易快速氧化的特点。

自从拉格出现，啤酒价格持续下降，销售范围不再局限在原来的村镇和城市内。大型啤酒企业可以将产品运到世界每个角落。但在追求产量和效率的过程中，人类迷失在了利润和成本控制当中，逐渐降低了拉格的品质。虽然拉格并非与低品质啤酒划等号，但世界上绝大多数的低品质啤酒均属于拉格范畴，尤其是美式辅料拉格这个门类。德国人对于拉格情有独钟，大部分高品质拉格均出自德国。

拉格与艾尔对垒，阵营明显，各有特色。那么有没有一款啤酒能够集拉格的纯净与艾尔的芳香于一体呢？这就是德国杜塞尔多夫的老啤酒和科隆地区的科隆啤酒。

老啤酒（Altbier）与科隆啤酒（Kolsch）

杜塞尔多夫是德国西部的北莱茵 – 威斯特法伦州的首府，这座城市位于莱茵河边，拥有自己独特的酿酒传统。老啤酒就是这座城市的标签。与 19 世纪中叶产生的低温拉格技术相比，老啤酒使用传统老技术，因而得名。这种啤酒虽然采用艾尔酵母进行上层发酵，但发酵温度比传统艾尔稍低，而熟成环境的温度基本与拉格相同。低温环境使得艾尔酵母产生的酯类物质稍少。因此，它同时具有艾尔的果香和拉格的清爽纯净。由于使用了维也纳麦芽，因此啤酒呈现琥珀色。酒花苦味的平衡作用也更加明显。

  这种老啤酒几乎只能在杜塞尔多夫的老城区喝到，在面积不到半平方公里的老城中，汇集了超过 300 家餐厅、酒吧和咖啡馆，被认为是世界上最长的酒吧街。其中一家叫做 Zum Uerige 的啤酒屋生产的老啤酒最为出名，在这里你能够喝到从木桶中熟成的老啤酒。深琥珀色的浓郁色泽，配上独特的直口杯（仅 200ml 容量）令人印象深刻。当然，Zum Uerige 老啤酒也有瓶装出售，只是在世界其他地方很难见到。

  从杜塞尔多夫顺着莱茵河向南就来到了另一座大城市——科隆，这里有着举世闻名的科隆大教堂。两座城市的啤酒传统颇有相似之处，科隆啤酒同样采用艾尔酵母进行上层发酵，然后在低温环境下熟成。也同样采用小容量的直口杯饮用。但不同点在于科隆啤酒采用浅色的皮尔森麦芽酿造，颜色更浅。它具有艾尔的淡雅果香，又具有皮尔森的麦芽香气和酒花平衡。比较知名的有科隆大教堂啤酒（Dom Kolsch）。

欧洲拉格（European Lager）

　　德国啤酒历史悠久，重视酿造技术，对于欧洲以及世界啤酒的发展影响深远。在本章介绍了德国主要的啤酒风格后，我们再简单看看欧洲（英国和比利时这两个啤酒大国除外）其他啤酒风格。

　　皮尔森和慕尼黑开创的淡色拉格首先传播到欧洲其他地区，各国纷纷开始效仿这种新式的啤酒风格。虽然各国酿造的淡色拉格有差异，但总体来讲具有适中的苦味，并全部采用大麦芽酿造，几乎并没有添加辅料。虽然德国人在啤酒酿造领域的地位不容置疑，但欧洲其他国家在标准化生产和营销上也有自己的特色。现在，欧洲淡色拉格（European Pale Lager）的代表喜力和时代啤酒，都是更加国际化的品牌，在全球绝大部分国家都能够见到。

说起赞助欧洲冠军联赛的喜力，无人不知。这家荷兰啤酒公司已经是世界第三大啤酒商。我们熟悉的虎牌也是旗下品牌。喜力于 1864 年创办，以创始人海尼根（Heineken）的名字命名。喜力啤酒擅长营销，注重海外市场并利用收购等现代企业经营手法来扩大规模。第一次世界大战后，美国的禁酒令刚刚结束仅 3 天，第一船喜力啤酒就抵达了，从此成功开拓了美国市场。同样在现今的中国市场上，喜力也是最会做营销的啤酒品牌之一。

时代（Stella Artois）啤酒来自比利时，在拥有众多修道院啤酒的国度，竟然诞生了这样一个国际化的淡色拉格，不得不让人对比利时的多样性感到吃惊。如果说喜力注重通过体育赛事来营销，那么时代啤酒则深深扎根于国际时尚圈，从而不断提升自己的知名度。你会看到很多国际超模和好莱坞影星都是时代啤酒的忠实粉丝。现在，时代啤酒是百威旗下重要的品牌之一。

与双料博克啤酒一样，欧洲其他地区也有更加烈性的拉格啤酒（European Strong Lager）。例如嘉士伯大象（Carlsberg Elephant）啤酒。它的酒精浓度高达 7.2%，无论在烈性程度还是口味上都与普通淡色拉格差别甚大。酒体呈现琥珀色，更加浓烈的面包与谷物的芳香中融入了蜂蜜的香气。入口时麦芽带来的甜味，与后味中浓烈的苦味形成强烈对比。口腔中能够感受到烈性啤酒带来的酒精灼烧感。

健力士黑拉格啤酒（Guinness Black Lager）就是为数不多的欧洲深色拉格（European Dark Lager）之一。与同门当中知名度更高的健力士黑啤（世涛）相比，虽然同为浓郁的黑色，但健力士黑拉格的口味可谓更加清爽。它的酒精度在 4.5%，并不算烈性啤酒。它带有烤谷物、草药和泥土的香气，味道上具有黑巧克力、淡淡的黑咖啡和红茶的味道。如果你对清爽的黑啤情有独钟，这也是很好的选择。

美式辅料拉格（American Adjunct Lager）——大绿棒子的学名

本章开头提到，皮尔森也打开了潘多拉魔盒，带来了喜忧参半的新时代。喜的当然是高品质的金色皮尔森以及后续发展出的各式优质拉格，那么忧的是什么呢？

欧洲淡色拉格依靠标准化的工业生产和得力的营销推广，迅速遍及全球。可以说是将啤酒从某个地区一群居民的爱好变成了大生意。而比这些欧洲地区的人还会做生意的就要算美国人了。其全球化的思想更强，流水线式的高效率生产实现得更早。在美国人的推动下，19世纪末期，啤酒工业蒸蒸日上，啤酒的价格越来越低。然而，由皮尔森之源开创的风格，在这股美式工业浪潮中被扭曲变形，最终成为了今天大众手中的"大绿棒子"（国人对低品质大众啤酒的俗称，因绿色啤酒瓶而得名）。

你经常会看到全麦啤酒这个名称，其实这里的全麦与我们日常所知的全麦面粉、全麦面包并不一样。全麦面粉是将整颗粒的小麦磨成的面粉，其中包含了外层的麸皮和内层的胚乳。因此，保存了更多的纤维素、维生素等营养物质，而不只是内层的淀粉。但啤酒中的全麦一词是跟辅料相对应的。全麦是指没有添加辅料，除了水、啤酒花和酵母外，全部由大麦芽组成。而辅料是指玉米、大米和其他糖类。

理论上说，任何含淀粉的物质都可以用于酿酒。但高品质的啤酒一定要由大麦酿制，才能保证其风味。但在北美地区，大麦种植没有欧洲面积那么大，品质也不如欧洲出色。另外，在大规模的工业化生产时，大麦的成本也更高。降低成本和保持啤酒品质的稳定是工业拉格最关心的问题。所以，在美国酿造的工业拉格中，开始添加玉米和大米等辅料。这就是美式淡色辅料拉格。至今，我们从超市中见到的啤酒（无论国产还是进口品牌）大多数都属于此类。

通常情况下，辅料不能超过20%，而美国法律规定的上限是50%。辅料添加得越多，啤酒的价格就越便宜。一般不会同时添加玉米和大米，由于美国玉米产量高，所以更多使用。而在中国、日本和东南亚地区当地酒厂生产的淡色辅料拉格中则更多添加大米。总体来说，辅料的过度使用给拉格啤酒带来了负面影响，啤酒中的麦芽香气变得很淡，啤酒花的苦味也极度缺乏，泡沫过度丰富，但无法弥补味道上的缺失。玉米的过度使用会带来辛辣味，出现糊嘴现象。而大米虽然能够让啤酒清新，但会产生轻微的涩味。一定程度上，啤酒变成了夏日降暑解渴的饮料，而不是朋友间聊天时可以畅饮或细品的佳酿。从此，淡色辅料拉格在人们心目中的地位开始下降。很多人开始怀念很久以前的艾尔。而在啤酒历史和文化并不发达的亚洲，大多数人没有喝过地道的艾尔啤酒，也无法喝到那些很有品质的特色拉格。

在美式辅料淡色拉格的类型中，还包含了若干细分的门类。

冰啤（Ice Beer）>>

普通啤酒储藏过程中，如果温度过低，酒中的蛋白质就会出现凝固析出的现象，酒体出现浑浊，影响口感和销售。冰啤就是针对这一问题而设计的，它并非冰镇的啤酒，而是在酿造流程中增加了一道普通淡色辅料拉格没有的工艺，那就是将发酵后的啤酒迅速降温到零度左右，使其出现冰晶。让容易出现冷凝的物质先析出，然后将其过滤。这样在后期运输和销售中的低温冷藏，就会不再有冷凝物析出了。而且冰啤色泽更加清亮透彻，讨人喜爱。

淡味啤酒（Light Beer）>>

我们之前介绍的"淡"大部分是指啤酒的颜色，而这里的"淡"是指酒精含量和热量低。最初开发这类啤酒主要为了女性，酒精含量低不容易喝醉，热量低则不容易发胖。在生产过程中，这类啤酒中的大麦芽用量更低，主要通过真菌产生的酶将玉米淀粉、大米、糖浆等形式的淀粉转换成酵母发酵需要的单糖，因此价格也更低。这种啤酒无论麦芽香气还是啤酒花的苦味都很淡，并不是啤酒发烧友的选择。但在大众市场上，其销量却很不错。

第  章

微醺绅士之旅
——英式啤酒

英国啤酒以温润柔和为最主要特征，入口瞬间会颠覆你几十年形成的对啤酒的固有印象。其内敛柔和的特点，仿佛一位英国绅士在谈论天气。在本章中你会看到，很多英国人依然坚持这种传统，当然也有紧随潮流的，更有引领啤酒风格发展潮流的。

与德国啤酒往往以产地来命名的方式不同，英国啤酒虽然也会使用产地名称，但更多会以酒厂创始人的名字来命名，可见英国人非常注重对人的尊敬和纪念。一位牛津郡的普通农夫约翰·莫兰德都会因为其所酿造的啤酒而被世界记住。

英国本土市场相对狭小，因此英国啤酒的跨越式发展往往由殖民地贸易推动，例如大名鼎鼎的IPA。但贸易也是一把双刃剑，市场好的时候英国酒厂林立，而市场凋零后，很多啤酒风格就会衰落。波特和世涛由爱尔兰人继承，而 IPA 由美国人发扬光大。

英式淡色艾尔（English Pale Ale）——
被珍视的传统

　　无可否认的是大部分国人一提到啤酒第一个联想到的国度就是德国，中德两国的贸易交流非常多，无论超市还是电商都有大量德国啤酒品牌。而英国虽然在世界啤酒发展历史上具有重要地位，并且至今仍保持着自身的啤酒传统，但在这方面与中国的交流却比较少。

　　在英式啤酒中，仍然以上层发酵的艾尔为主，不像德国啤酒那样已经广泛地拉格化。从此也可以看出英国人对传统工艺的偏爱。其中，英式淡色艾尔又占有重要地位。这种啤酒的几大特征都与现在全球流行的工业拉格有很大不同，首先虽然叫淡色艾尔，但其颜色只是相对于黑啤来说，它的颜色包括从深琥珀到金色的多个类型，但总体上都要比皮尔森颜色重。其次，淡色艾尔的味道标签就是苦，非常平和的苦、非常有层次的苦。因此，现在淡色艾尔也称为英式苦啤酒（bitter），它与历史上真正的苦啤酒的差异也被人们所忽略。

英国人更是依据苦的程度对淡色艾尔进行了划分：一般苦（Standard Bitter）是入门级别，也称为 Boy Bitter，意思是小毛孩能接受的苦。特别苦（Special Bitter）就进阶一些了，而啤酒发烧友更喜欢超级苦（Extra Special Bitter），缩写为 ESB。这三个字母你会在英国的酒吧里经常见到。

除了味道的标签外，英国人对于淡色艾尔的生产和储存方式也很怀旧。只有那些发酵后不经过熟成直接灌桶，且不杀菌，不过滤，更不添加刺激口腔的二氧化碳（英式艾尔普遍没有强烈的碳酸刺激，所以口感非常平和自然），直接将桶送到酒吧，由酒保来决定熟成时间的啤酒才被英国人认为是真正的艾尔啤酒。显然，这一系列流程对于现代化的啤酒厂来说既不经济也缺乏效率，保质期短损耗率高，所以一度被淘汰。但这下惹恼了英国啤酒发烧友。1971 年，他们发起了一项社会运动旨在唤起大众对于这种传统艾尔啤酒的重视。这有点像中国的保护大熊猫行动。这一运动的名称是"争取正宗散装艾尔啤酒运动",缩写是 CAMRA,并在世界啤酒发展史上留下了浓重的一笔。至今,在英国酒吧里仍然可以见到桶装艾尔,这就要归功于此项运动。

提到英国啤酒传统就不能不说伯顿镇,从莱斯特城(2015–1016 赛季英超冠军所在的城市)往西北走不远就能抵达这座小镇。它紧邻特伦特河,这里的水质富含矿物质,钙镁离子含量高。1777 年威廉·巴斯(William Bass)开始在这里酿造啤酒,他发现这种硬水非常适合制作淡色艾尔,能够让啤酒呈现出美丽的琥珀色。从此,伯顿成为英国啤酒产业的核心,巴斯啤酒厂成为行业标杆。其他啤酒厂在制作淡色艾尔时,如果当地是软水,则需要先加入矿物质使其成为硬水,这个生产环节被命名为伯顿化。

巴斯酒厂的崇高地位不仅在啤酒行业中,由于它成为了英国皇室御用啤酒,所以在1875 年,英国颁布商标法后,它成为英国商标局注册登记的第一个商标。今天,巴斯啤酒包装上的红色三角形正暗示着此事。除此以外,包装上还赫然写到:世界上第一款淡色艾尔。

巴斯啤酒还出现在法国印象派之父爱德华·马奈(Edouard Manet)的名画《女神游乐场的酒吧》中,画中女子疲惫的眼神,胸前的花朵,背后的镜子,不太可能出现的角度(右侧的女子是正面女子的背影)都是艺术爱好者讨论不休的地方。而啤酒爱好者关注的则是桌上

那两瓶带有红色标签的巴斯啤酒，在众多法国香槟中占据了一席之地。现在巴斯艾尔（Bass Premium Ale）也可以在国内超市见到。

格林王主教艾尔（Greene King Abbot Ale）——温润柔和的代表

　　格林王啤酒来自于伦敦东北方向 80 公里的小镇伯里圣埃德蒙兹（Bury St.Edmunds）。在啤酒罐上你就能看到这个小镇的名字。如果你看过美剧《维京传奇》，那么一定对公元 9 世纪维京人洗劫英格兰东部沿海修道院的情节有印象。埃德蒙就是那个时代英格兰东部小国的国王，公元 869 年埃德蒙率众抵抗维京人失败被杀，后人为了纪念这位国王将其奉为圣人。伯里圣埃德蒙兹小镇优雅恬静，建筑古香古色，电影《古墓丽影》中劳拉的家就在此取景。

　　然而，格林王（Greene King）这个名字并不是指圣埃德蒙，而是酿酒厂的创始人本杰明·格林（Benjamin Greene）和与其合并的另一家啤酒厂的老板弗雷德里克·金（Frederick King）

两人的姓氏来命名的。至今格林王已经是英国最大的艾尔啤酒厂，也是在国内超市中比较容易见到的英式啤酒品牌，其中主教艾尔是一款英式淡色艾尔。啤酒的外包装以紫色和黄色搭配，非常独特。格林王的标志上王冠自然是圣埃德蒙的，而两支交叉的箭头与王冠的位置很不协调，感觉像是射入王冠的一样。没错，这正是圣埃德蒙被维京人万箭攒身的写照。这一标志也同样出现在该市所属的萨福克郡（Suffolk）的郡旗上。

将格林王主教艾尔倒入杯中就会发现泡沫要比想象的少，而且消散得比较快。靠近鼻子时也闻不到非常明显的气味。仅仅这两条特征就与市面上大部分的啤酒不同，其他啤酒都会想尽办法通过泡沫和气味来吸引人，而这款淡色艾尔显得格外低调。当然，它的颜色还是非常漂亮，呈现出深琥珀色，让人也能联想到红宝石，视觉冲击力很强。虽然颜色较深，但依然十分清透。最令人诧异的是入口的一瞬间，那种温婉平和的味道是国内消费者鲜少体验过的，绝对能够颠覆你对啤酒的认知。整个味觉中没有任何一点刺激的感觉，不会刻意的挑逗你的味蕾。这种平和内敛让人不禁想起英国人总爱谈论天气，有人统计过英国人平均一生要花费6个月的时间谈论天气。如果将普通啤酒比喻成冒泡的可乐，那么这款淡色艾尔绝对是一杯淡淡的绿茶。

从味道上来说入口后就会慢慢感觉到苦味在加重，但并不是黑咖啡和中药里所表现的那种尖锐到让人难以忍耐的苦，反而是一种很温润很柔和的苦，并不让人感觉厌烦。随着苦味的减弱，后味中一丝麦芽带来的轻甜开始浮现，但这只有短短的片刻，马上又回到苦的回味中，并且这种余味悠长，直到你品尝下一口为止。整个过程中，苦是主旋律，但非常有层次，也会更让人留意中间那短暂的回甘。

另外一点与众不同之处在于，这款淡色艾尔非常适合与朋友聊天时饮用，即使不配任何菜肴，也会口感很好，而且与聊天的气氛很匹配。这就是英国人所看重的社交啤酒。

宝汀顿酒吧艾尔（Boddingtons Pub Ale）——曼彻斯特奶油

作为英国国民啤酒的淡色艾尔，怎么可能只在伦敦而不在曼彻斯特呢，就像足球一样，来自曼彻斯特的球队绝对竞争力十足。在啤酒领域当中，来自曼彻斯特的宝汀顿是响当当的品牌。在国内超市货架上，那醒目的黄色啤酒罐和高出别人一倍的价格都显示着其与众不同的身份。

　　1778 年，两个经营谷物的商人在曼彻斯特北部建立了 Strangeways 啤酒厂，由于当时工业革命已经开始，蒸汽机代替水力让曼彻斯特的棉纺业如虎添翼，曼彻斯特也成为世界棉纺织中心。所以，啤酒的主要销售对象就是棉纺织工人。1832 年，亨利·宝汀顿（Henry Boddington）收购了啤酒厂，并将其带到了新的高度。此时，曼彻斯特和利物浦两座城市发生了经济利益上的冲突。曼彻斯特商人对利物浦独占默西塞德河垄断货运和出口感到不满，再加上利物浦提升了货运关税，曼彻斯特商人一气之下于 1887 年投资挖掘了自己的通海运河，在曼联队徽上，仍然能看得到货船和运河的设计，而且老特拉福德球场就在这座运河的起点处。两个城市从此结怨，直到现在英超的双红会仍然是最激烈的比赛。借助运河带来的繁荣，宝汀顿进入了鼎盛阶段，年产量达到了 50 万桶，一度成为英国最大的啤酒厂。直到 2000 年被百威英博收购。

　　一支成功的球队可以成为城市的标志，一款成功的啤酒同样可以。宝汀顿酒厂的烟囱以及包装上的橡木桶和小蜜蜂都是曼彻斯特的标志，而比这两点都重要的是宝汀顿啤酒那独具特色的泡沫，被誉为"曼彻斯特奶油"。而这浓郁丝滑充满香气的奶油状泡沫离不开拉罐里的一颗小球。当你购买宝汀顿时，如果将啤酒罐轻微晃动，就会听到类似物体撞击时发出的声音，这就是那个小球。对于第一次接触宝汀顿的人来说，还会误以为是酒厂灌装时混入了杂物。其实这颗小球大有来历。

它的英文名称是 Widget（小器具的意思），是一颗内部充满氮气的白色塑料球体，一般称为氮气球。大多数啤酒会使用二氧化碳进行碳酸化，在灌装的时候，一部分二氧化碳会溶解到啤酒中，另一部分会在易拉罐的顶部形成一个拥有较高压力的小空间。开启易拉罐后，内部压力得到释放，再加上倒酒时的撞击，使得啤酒液体内的二氧化碳溢出，再加上啤酒中网状蛋白质将这些二氧化碳拦截，靠液体表面张力就形成了泡沫。但仅仅使用二氧化碳来产生泡沫会有负面问题，例如单个泡沫的体积会比较大，而不是奶油状的细小泡沫，也就不会带来丝滑的感觉，更像是可乐或雪碧的泡沫。为了获得较小的气泡就需要更高的内部压力以平衡加大的液体表面张力，而更高的罐内压力对于溶解度很高的二氧化碳来说会造成开罐时更加强力的喷涌。你一定看过将曼妥思放入可乐的视频吧，就类似那种结果。除非恶作剧，否则谁都不愿意看到那样的情形。除了喷涌问题外，过多使用二氧化碳还会让啤酒的味道产生变化，酸味重而且碳酸对口腔的刺激增加（即杀口感），这都会降低啤酒的品质。而且会让喝酒的人胃部很快胀气。很多工业拉格就存在过多使用二氧化碳的问题。

把二氧化碳换成比较惰性的氮气虽然有效，但这种气体很难溶于水，所以在氮气球出现之前所有的尝试都失败了。氮气球是一个拥有单向阀门的塑料小球，在灌装过程中会向里面注入液态的氮气和较少的啤酒，然后将其封装在加压的易拉罐里。当消费者打开罐子时，内部压力迅速下降，氮气球内含氮气的啤酒就会涌出，产生不计其数的小体积氮气气泡，并上升到啤酒顶层，这样得到了"曼彻斯特奶油"。

莫兰德老母鸡啤酒（Morland Old Speckled Hen）——特色制胜

英国啤酒最奇怪的名字来自于这款莫兰德老母鸡啤酒，也有的翻译成火鸟啤酒。它来自于牛津郡南部的一个小镇阿宾登（Abingdon），这里已经有几百年的酿酒传统，尤其是在修道院中。1711 年，一个叫作约翰·莫兰德（John Morland）的普通农夫建立酿酒厂，为周边酒吧生产艾尔（莫兰德称其为精细艾尔 Fine Ale，这个名字至今在外包装上有体现）和波特。

从 1860 年开始，莫兰德酒厂逐步收购了周围的其他小酒厂和酒吧，生意越做越大。1979 年，莫兰德酒厂迎来了一位大名鼎鼎的新邻居，这就是 MG 名爵汽车。名爵为了纪念建厂日决定让莫兰德生产一款纪念版啤酒，但啤酒的名字要由名爵来起。名爵选名字时煞费苦心，经理秘书带着员工头脑风暴。一个人想到，厂里边有一辆拉货的老式汽车，以帆布作为车顶，由于经常进出喷漆车间而被弄得满车都是各色油漆斑点，这辆车的外号就是老母鸡。于是，老母鸡成为了纪念版啤酒的名字，而且迅速火遍英伦，甚至超过了英国人钟爱的纽卡斯尔棕色艾尔。从这件事能够看出，一个能够让消费者记住的名字是多么重要啊！

　　大部分啤酒爱好者都容易忽视视觉欣赏这一环节，对于大部分拉格啤酒可能这并不算多大损失，而对于老母鸡啤酒来说，倒入酒杯时的视觉体验非常美妙。红铜色的酒体上方并非是简单的一层泡沫，在二者之间的结合部分如同暴风雨来临前的天空，云朵上下翻滚，本应升起的气泡仿佛在下行，速度之快让人心潮澎湃。

　　老母鸡啤酒使用了能够带来甜味的水晶麦芽，而且使用了四种啤酒花，包括了带有松香的挑战者（Challenger）、带有蜂蜜香气的旅行者（Pilgrim）、带有柑橘香气的第一桶金（First Gold）和带有泥土气息的戈尔丁（Goldings）。整体上，如奶油一般的柔滑口感令人难忘，风格以温润柔和为中心，具有烤麦芽的甜香。

维奇伍德魔法精灵（Wychwood Hobgoblin）
——一口美国腔的哈利·波特

　　哈利·波特的魔法世界中如果有啤酒，那么一定是源自英伦的维奇伍德魔法精灵啤酒。它同样来自于泰晤士河上游牛津郡的一座小镇威特尼（Witney），几百年来这里的毛毯、面包和啤酒都非常出名。1841 年，维奇伍德酒厂的前身柯林奇酒厂成立。1990 年，新老板克里斯·莫斯（Chris Moss）掌管酒厂，这是一个颇有营销天赋的英国人，他先是用威特尼小镇旁边维奇伍德森林的名字重新命名酒厂，而后借用有关这一黑暗森林的种种神秘传说制定了产品差异化方案。克里斯·莫斯的公关当然要先从本地做起，他为镇长女儿的婚礼特意酿造了一种味道浓郁的红宝石色艾尔啤酒，并将这一风格定义为 Ruby Ale，这就是第一款魔法精灵啤酒，也称蓝罐。其实严格来说，魔法精灵蓝罐应该属于 ESB。1996 年，这款啤酒在全英国上市，手拿斧子、头戴尖帽、身背弓箭的精灵形象与传统英国啤酒包装上经常出现的奖牌、麦穗、地标建筑等设计截然不同，让年轻消费者过目不忘。幸运的是，1997 年哈利·波特的小说上市，魔法主题迅速红遍全球。借着这股东风，维奇伍德魔法精灵啤酒一跃成为英国第三畅销的瓶装艾尔。

　　2010年，西方二十国集团多伦多峰会上，英国首相卡梅伦就赠送给奥巴马12瓶维奇伍德魔法精灵，而奥巴马回赠的则是鹅岛312啤酒。魔法精灵蓝罐无论包装还是倒入杯中后呈现的颜色都十分漂亮，泛着淡淡的烤麦芽、柑橘和巧克力的香气，入口后能够品尝到柑橘般的酒花香，中段会出现些许面包、巧克力饼干和坚果的味道，回味中酒花的苦味相对明显。仔细思量其实颇具美国精酿的感觉，只是没那么强烈而已。

　　目前我们在国内超市还能够买到维奇伍德魔法精灵金啤，这是一款受到美国精酿运动影响的英国淡色艾尔。它同时采用了美国（西楚）和英国（旅行者）的啤酒花，投入酒花的数量也比普通啤酒多，还将大麦芽与小麦芽一起使用，倒入杯中你就能够闻到浓郁的柑橘和柠檬香气，这股香气的强度几乎超越所有英国和德国啤酒，其风格更像美国的淡色艾尔或IPA。它虽然金黄清澈，但绝对是一款口味浓郁的啤酒。

富勒仕ESB（Fuller's ESB）——苦啤的标杆

　　富勒仕是目前伦敦为数不多的私人啤酒厂之一，也是英式啤酒的重要品牌。从切尔西的主场斯坦福桥往西不远，就是奇司威克（Chiswick）区，生产富勒士啤酒的格里芬啤酒厂（Griffin Brewery）就坐落在一片英式连体小楼当中。酒厂的白色烟囱也成为当地的标志。这家酒厂的历史已经有350年，最初是一个富有大家族的私人酿酒厂。在1845年，精明的商人约翰·富勒（John Fuller）通过伦敦市长弟弟的介绍收购了这家啤酒厂。"二战"之后，这家酒厂迎来了快速发展期，其生产的苦啤多次荣获CAMRA（前面提到的倡导传统散装艾尔运动）最佳啤酒奖，这使得富勒仕的知名度迅速提升。

　　ESB是英式淡色艾尔中苦度最高的，已经与后面介绍的部分入门级IPA有些接近。如果将IPA的苦比作刚从砂锅里熬出来的中药，那么ESB的苦也就是感冒冲剂的水平。富勒仕ESB为红铜色，具有焦糖、花朵和深色水果的香气。虽然苦度较高（40IBU左右），但在麦芽甜度的平衡下，完全可以接受。当然，苦味会稍微战胜甜味，但你还能够品尝到其他复杂的味道，包括烤面包、饼干、胡椒、草药味等等。每喝完一口都会让你不停地回味，然后口中很快出现干渴的感觉，逼迫你马上再次端起酒杯。

英式印度淡色艾尔
（English India Pale Ale）——一切为了贸易

　　英式啤酒中会有不少字母缩写，对于入门的爱好者来说往往令人费解，尤其是那些传播很广，颇为流行的啤酒风格缩写，其中 IPA 就是一个典型。在近年来美国精酿啤酒运动中，名头最为响亮的就是 IPA 了，虽然在中国的超市和电商平台上数量还不如德国啤酒多，但在酒吧中已经非常流行。IPA 就是 India Pale Ale 的首字母缩写，即印度淡色艾尔啤酒。比起前面介绍的淡色艾尔来说，仅仅多了一个印度。但在世界啤酒传统大国中，很少有发展中国家，怎么会有印度的位置呢？而且熟悉印度地理的人都知道，那里比较炎热，在制冷设备出现前，并不适宜酿造啤酒，而且更不适宜种植啤酒花。

其实，IPA中的印度并非指印度生产的啤酒，而是英国酿制向印度出口的一种特殊啤酒类型。从大航海时代开始，英国人就从印度获得了在欧洲十分昂贵的香料，随后一百年间贸易不断发展。到了18世纪中晚期，英国开始全面殖民印度。此时，英国对印度的殖民是由东印度公司作为代理人的。随着殖民的深入，在印度的英国人数量大增，包括商人、士兵和工人等，这些人同样需要啤酒。而英式淡色艾尔的核心魅力就在于新鲜，就像CAMAR运动倡导的那样。要想将这样的啤酒通过航运送到印度是不可能的。由于当时还没有开挖苏伊士运河（1869年苏伊士运河才通航），需要从英国出发先向南抵达非洲最南端，再向北穿过印度洋。这期间要两次经过高温的赤道地区。依据当时的啤酒工业水平，在长达几个月的漫长航行中普通啤酒早已经腐败变质。

一位伦敦酿酒师乔治·霍奇森（George Hodgson）成功地解决了这一保质期问题。他提高了麦芽汁浓度，增加了发酵时间，从而获得了更高的酒精度（7%左右）、更少的糖分残留，并增加了啤酒花用量，以提高防腐能力，这就是IPA。凭借着酒厂与东印度公司码头邻近的优势，霍奇森迅速打开了印度市场。然而好景不长，霍奇森的儿子接手公司后，与东印度公司的关系紧张。用现在的话来说就是客户关系没搞好，而东印度公司可是垄断了英国政府对印度的一切殖民活动，换个啤酒供应商当然是小事一桩了。正好，此时伯顿地区的啤酒厂刚刚失去了俄国市场，正发愁啤酒出口问题，这下两家一拍即合，展开了合作。伯顿的酒厂开始仿照霍奇森的风格酿造IPA，同样在印度得到了欢迎。随着时间的推移，这种以出口为目的的啤酒类型，在转内销时得到了英国当地民众的喜爱，于是IPA开始广泛流行。

格林王 IPA（Greene King IPA）——苦味让路，柔和至上

就在美国人将IPA的苦味风格发挥到极致，并以柑橘香气的美式啤酒花赋予其新的内涵时，IPA的老家英国却反潮流而动。格林王坚持英国人的柔和口感路线，拒绝跟随潮流，将IPA演绎成为独特的英式风格。

　　格林王 IPA 呈现出通透的琥珀色，并没有美式 IPA 浓烈的香气，取而代之的是清新的草药和淡雅的酒花气息，极为内敛含蓄。即使你将鼻子切近泡沫，也只有很淡的香气。在这个距离上，美式 IPA 已经让你的鼻子如同直接喷了香水。它采用全英式啤酒花配方，包括了挑战者、旅行者和第一桶金。以基础麦芽、水晶麦芽和黑麦芽共同打造，带来漂亮色泽的同时，会带有少许奶糖（太妃糖）的香味，回味中稍有苦味来平衡。口感极为柔和，几乎感觉不到任何二氧化碳的刺激。那种感觉仿佛在与一位内敛低调的英国绅士聊天，他对你提出的观点频频点头，气氛融洽自然。这也是社交啤酒的精髓。

　　作为一款 IPA，其酒精度竟然低到只有 3.6%。因此，被很多人诟病，说这不是正宗的 IPA。其实，能在如此低的酒精度下，打造出温润柔和的 IPA，这才是其精髓所在。在人们的味蕾被美式 IPA 的浓烈所麻痹时，作为英国啤酒全球化领袖的格林王能够站出来，给大家一种新的风格，绝对是一件好事。

贝尔黑文弯曲的蓟花 IPA (Belhaven Twisted Thistle IPA) ——潮流苏格兰

　　从苏格兰首府爱丁堡（Edingburgh）径直向东 30 公里，就会到达海边小城邓巴（Dunbar），小村庄贝尔黑文就位于这里。这一地区沿着海岸线几乎都是高尔夫球场，这里是高尔夫球的发源地，举办英国高尔夫球公开赛的圣安德鲁斯老球场就在海峡的对岸。而海岸内陆都是一望无际的大麦田，这些大麦不仅用来制作啤酒还制作苏格兰威士忌。贝尔黑文从 1719 年就开始酿造啤酒，1837 年一篇发表在伦敦晨报上的文章让贝尔黑文啤酒名震全国，在文章中提到当时的奥匈帝国皇帝都喜爱饮用贝尔黑文啤酒，并夸奖道：贝尔黑文啤酒就是苏格兰的白兰地。从此，贝尔黑文声名鹊起。

　　现在贝尔黑文的主打啤酒是后边介绍的苏格兰世涛，但为了与世界潮流同步，还推出了特别精酿啤酒系列。弯曲的蓟花 IPA 就是这个系列中的一款。美式的酒标设计，再加上很特别的名字让人一下就记住了它。其实，蓟花是苏格兰的象征，传说中入侵的敌人因为踩到这种带刺的花儿而败退。

这款 IPA 将苏格兰啤酒与现今流行的美式 IPA 相结合。口味现代，酒花香气突出。它使用了英国的挑战者、美国的卡斯卡特（美式 IPA 的标志性酒花，具有强烈的柑橘香气）、德国散发药草味的啤酒花赫斯布鲁克（Hersbrucker）。三个啤酒强国的代表性酒花合体，带来浓郁而独特的入口基调。而苏格兰的优质麦芽也功不可没，它让这款啤酒具有了更加浑厚的根基。

酿酒狗朋克 IPA（Brewdog Punk IPA）——挑战一切，不走寻常路

英国啤酒与德国一样有着悠久的传统，而且风格独特，自成一派。但这些并没有成为包袱，在精酿啤酒成为国际流行趋势的今天，酿酒狗成为了英国啤酒贴近潮流的代表。

这是一个传奇般的创业故事，两个苏格兰小伙詹姆斯·瓦特（James Watt）和马丁·迪克（Martin Dickie）从小一起长大。瓦特是一名渔夫，而迪克在威士忌酒厂工作。与许多北

上广的年轻人一样，他们不愿意在无聊的工作中浪费青春，希望跟随自己的内心开创一份自己感兴趣的事业。于是在 2007 年，都无比热爱啤酒的他们决定开一家酒厂，并且只酿造自己感兴趣的啤酒，这就是酿酒狗。创业初期，全厂只有他们两人外加一条狗。虽然通过向银行贷款买来了酿酒设备，但销售渠道却成为难点，他们两个只能在当地农贸市场摆地摊低价出售啤酒。然而，2008 年时来运转，英国大型超市乐购（Tesco）认可其啤酒的品质，向其发出订单，每周采购 2000 箱啤酒，这让二人的事业迎来转机。在超市中，无论包装还是口味都极为独特的酿酒狗啤酒迅速得到了年轻人的认可。我们看看酿酒狗做的几件事就知道他们有多么特立独行了，这是绝大多数英国传统酒厂想都不敢想的。

首先，他们以朋克摇滚的叛逆风格给自己的啤酒进行了定位。年轻人喝着啤酒，随意地摇摆着，仿佛看到了梳着莫西干头的摇滚歌手。其基础产品朋克 IPA 的包装上竟然出现了这样一长串文字：这不是一款普通的标准化流程制造的啤酒，这酒很浓郁。我们才不在乎你是不是喜欢。我们追求的可不仅仅是你们划定的中庸温和的味道标准。其实我们很怀疑，你是不是有足够的品味和经验来品鉴这款酒的深度、特征和品质。这酒不含防腐剂、添加剂，只用最好的新鲜材料酿制，但估计你也不是很在乎这个。所以，还是滚回去喝你在超市里买的廉价拉格啤酒吧，再见不送。

世界上最出色的摇滚乐队的核心就是不迎合大众以及歌迷，做自己的音乐。而酿酒狗深得其要领，将这一理念传播开来，在年轻消费者中迅速取得了共鸣。其次，酿酒狗打破了英国的传统绅士风格，向大型工业啤酒公司挑衅。其海报上，朋克 IPA 啤酒充当了刽子手，将众多耳熟能详的工业啤酒送上了断头台。另外一张海报上，酿酒狗将其他酒瓶的尸体踩在脚下。他们还挑战同行，与德国酒厂舒尔舍（Schorschbrau）进行酒精度竞赛。在 2010 年，酿酒狗推出限量的 "End of History" 啤酒，全球限量 12 瓶，每瓶售价高达 500 英镑。他们在比利时烈性艾尔风格中融入了苏格兰的荨麻和杜松子，并采用冰蒸馏技术使酒精度达到 55%。除此之外，还通过动物毛皮做成啤酒外包装，其中有灰松鼠 4 瓶，浣熊 7 瓶，野兔 1 瓶，从而引起了轩然大波。挑战同行也就算了，他们还挑战英国政府，为了讽刺政府限制高酒精度的政策，他们酿造了一款酒精度 1% 的啤酒，并命名为 "保姆国家"（Nanny State）。

除了这些话题性的事件外，酿酒狗的啤酒品质也十分出色，每年都有多个重量级奖项到手。到现在，他们的产品已经卖到全球几十个国家，成为英国最成功的精酿酒厂。

酿酒狗朋克 IPA 不仅是基础款，更是奠定了整个酒厂风格的一款啤酒。它定位在英式传统 IPA 与美式新潮 IPA 之间，采用了柑橘香气浓郁的美国酒花奇努克（Chinook）为首的 6 种啤酒花，带来浓郁的香气和革命性的味觉体验。

英式棕色艾尔 (English Brown Ale)/ 柔和艾尔（Mild Ale）

英式棕色艾尔历史悠久，在 17 世纪时，淡色艾尔、IPA、波特和世涛这些明星都还没有诞生，整个英国流行的就是棕色艾尔。随后其地位开始下降，相对于淡色艾尔，虽然棕色艾尔的颜色更深，但酒花苦味较轻，拥有更浓郁的烧烤味、坚果味和麦芽甜香，没有极端刺激的味道，非常柔和顺口。可以说，棕色艾尔是英式传统啤酒风格的基础与核心。

也正是由于这种特点，棕色艾尔也与柔和艾尔（或称淡味艾尔或轻艾尔）这个概念分不开。苦啤酒（英式淡色艾尔）虽然有大量拥趸，但对于更多的大众来说，并不喜欢那么重的酒花味，而是需要一种在聊天中能够轻松饮用不会轻易上头的啤酒。这就是柔和艾尔，由于发酵时间短，只有部分糖转化成了酒精，依然有很多糖类残留，这样口味就偏甜。因为很快能够销售出去，没必要像 IPA 那样强调防腐，所以啤酒花用量也少，苦味自然就低。

纽卡斯尔棕色艾尔（Newcastle Brown Ale）
——阿兰·希勒的护心宝镜

　　纽卡斯尔是英格兰东北部的工业重镇，19 世纪造船业是其核心，北洋水师的致远舰就是这里建造。泰恩河从城市中间穿过，所以纽卡斯尔也叫泰恩河畔纽卡斯尔（Newcastle upon Tyne）。

　　如果你喜欢足球，那么一定记得阿兰·希勒（Alan Shearer）身着纽卡斯尔联队的黑白间条衫，进球后高举右手庆祝的动作吧。1996—1997 赛季，其胸前广告就是当地啤酒纽卡斯尔棕色艾尔，那个赛季拥有阿兰·希勒、大卫·吉诺拉、阿斯普里拉和费迪南德的喜鹊黄金一代曾经一度领先曼联 12 分，可惜最后被赶超，屈居联赛第二。

纽卡斯尔棕色艾尔一度是英国最畅销的啤酒，其酒标设计令人印象深刻。中间的五角星代表了该市原来的 5 家啤酒厂，五角星中间的则是城市象征——泰恩桥。它横跨两岸，连接了整个城市，就像啤酒一样，将四面八方的人聚集在一起。四枚奖牌则是在 1928 年伦敦酒业展览会上获得的金质奖章。椭圆形标志上方多出来的"帽子"写有独一无二（The One and Only），代表了纽卡斯尔棕色艾尔与其他任何啤酒都不一样的特点。这款啤酒的与众不同之处还在于其适饮温度，大部分英国传统啤酒都是在常温下饮用的，而这款啤酒则要在冰镇（4 摄氏度）后饮用。这是因为 19 世纪时，纽卡斯尔的工业需要煤炭作为能源，无论开采还是运输煤炭，工人的工作环境都是炎热和高粉尘的艰苦环境。下班后急需放松和补充能量的工人需要的是一杯冰爽的清凉啤酒，这个传统因此而来。

纽卡斯尔棕色艾尔与美式 IPA 相比，香气非常微弱。口味比一般艾尔更加纯净，带有饼干、奶糖和蜂蜜的味道，回味中啤酒花的苦味比较微弱，略带英式酒花的草药味。

英式烈性艾尔（English Strong Ale）

如果说英式棕色艾尔属于清爽的社交啤酒，那么英式烈性艾尔则是更能让啤酒发烧友大呼过瘾的浓郁类型。烈性艾尔不仅酒精度高，而且熟成时间更长，除了艾尔啤酒特有的麦芽和果香外，如果使用木桶会带有乳酸、皮革等陈年啤酒才具有的特殊味道。对于英格兰寒冷而多雨的冬天，驱寒暖身成为烈性艾尔的重要作用，各酒厂也会在冬季推出季节性的烈性艾尔。如果将这一风格进行强化，酒精度达到 10%，就会在饮用时带来更温暖的感觉。这就是冬季暖身啤酒（Winter Warmer）或者圣诞啤酒。

森美尔约克郡斯汀格（Samuel Smith Yorkshire Stingo）

森美尔·史密斯老酒厂位于英格兰东北部约克郡的小镇塔德卡斯特（Tadcaster），它就位于约克与利兹之间。别看这里人口只有 3 万人，但对于英式啤酒来说是非常重要的地方。由于塔德卡斯特的地质结构以石灰岩为主，早在古罗马时代就成为开采石料的地区。约克大教堂的石料就产于此。正是由于这种地质结构，塔德卡斯特与伯顿一样拥有富含硫酸钙的独特地下水，因此可以酿造出风味独特的啤酒。

保守而坚持传统的英国风格在森美尔啤酒上表现得最为明显，在现代化的今天他们依然保留了很多传统生产方式。例如，采用石头做成的发酵槽、所用酵母拥有超过100年的历史、依然用橡木桶储存啤酒、甚至还用马车来运送啤酒。森美尔运送酒的马也值得一说，这种独特的马名为夏尔马（Shire Horse），虽然与魔戒中霍比特人的夏尔国是一个词，可实际内容恰恰相反，这种马绝对是同类中的巨人。夏尔马至今保持着世界上最大最重马的纪录，甚至能够拉动5吨的货物。据说这种马源自于唐朝，但在英国发扬光大，从战场到农田到处都能看到它的身影。

森美尔约克郡斯汀格啤酒的酒精度达到9%，上市前会在木桶中熟成至少1年，并储存于酒厂的地窖中。新包装上还通过设计强化了这一特点。这种方式能够带来深色水果、葡萄干、太妃糖以及轻微的橡木味道。口感柔滑浓郁，让冬日的寒冷被驱散得无影无踪。

英式大麦酒（English Barley Wine）
——冬季暖身佳品

　　虽说啤酒这个名称中带有"酒"字，但由于酒精含量低，对于西方人来说只能算是含酒精的饮料。英文中 Wine 这个词指葡萄酒，它的酒精含量在 12% ~ 15%，其中白葡萄酒普遍低于红葡萄酒。而大麦酒的酒精含量在 8% ~ 12%，原麦汁浓度能够超过 20，已经非常接近葡萄酒，所以名称上也包含了 Wine。大麦酒有两种风格，英式大麦酒酒花苦味淡，口感圆润，注重麦芽甜香与苦度的平衡。而美式大麦酒看重酒花，苦味浓重，香气也大多由酒花带来，而且可以添加额外的香料。由于众多欧洲国家对烈酒课以重税，所以大麦酒价格普遍高于一般的啤酒。

由于酒精度高，大麦酒同样可以起到冬季暖身的效果。从 1903 年巴斯推出的一号大麦酒的海报上就能看出其冬季的价值。另外，其陈放能力也与葡萄酒接近。一般艾尔啤酒熟成期较短，而大麦酒需要一年以上，而且随着时间的推移，其味道会愈加圆润丰富。目前，最知名的英式大麦酒要算富勒仕的老式艾尔（Fuller's Vintage Ale），在瓶身上不仅标有年份，而且有编号，可以算作是啤酒中的贵族了。

既然有大麦酒，那么有没有小麦酒（Wheat Wine）呢？还真有，但这是因为一次操作失误而创造出来的啤酒风格。在上世纪八十年代，一位美国酿酒师菲尔·莫勒（Phil Moeller）本计划酿造大麦酒，结果到了麦醪（将研磨后的麦芽在温水中浸泡形成的粥状物质，从而让淀粉酶开始将淀粉转化为酵母可食用的单糖的过程）阶段才发现放入了很多小麦芽。几乎所有酿酒师此时都会选择将错就错，而不会倒掉这批麦醪。啤酒制成后，菲尔·莫勒亲自品尝，结果异常美味，从而小麦酒就这样诞生了。

苏格兰艾尔（Scotch Ale）

别看同处于大不列颠岛上，但北部的苏格兰人一直保持着自己的风俗习惯。从电影《勇敢的心》你就能够看出，两个地区间也曾有深深的矛盾。在啤酒文化上，苏格兰也是自成一派。

由于苏格兰地区纬度偏高，气候寒冷。所以，不适宜啤酒花的生长。而且正是由于两个地区间的矛盾，苏格兰酿酒厂并不愿意花钱从英格兰南部的啤酒花产区购买。早期的解决方式就是用当地的草药和树根作为平衡麦芽甜味的物质，后来即使用啤酒花，用量也较少。但苏格兰也有自己的优势，这里盛产优质大麦。1968 年，一种名为金色希望（Golden Promise）的大麦品种培育成功，它具有强壮的麦秆，可以抵御北海强烈的寒风。在苏格兰寒冷的气候中，也能够苗壮成长。现在已经成为苏格兰种植面积最大的大麦品种，为优质威士忌和啤酒的生产奠定了基础。

苏格兰啤酒的独特之处还在于其采用的先令分类方式。先令（Shilling）是英国原来的货币单位，1 英镑等于 20 先令。苏格兰啤酒的包装上也会标注多少先令，但这并不是价格，而是代表了其酒体的丰厚程度。啤酒越浓郁，先令的数字越高。60 先令代表清淡的轻酒体，通常酒精度在 3.5% 以下。70 先令代表重，酒精度在 3.5% ~ 4%。80 先令代表出口型，90 先令代表特重，而 100 先令标记为 Wee Heavy，这个词也代表了苏格兰最烈性的啤酒。除了分类方式特别，使用的杯子也特别。专用啤酒杯的造型如同苏格兰的象征——蓟花，非常独特。

创始者蛮荒混蛋苏格兰艾尔 (Founders Backwoods Bastard)

在这里要介绍的苏格兰艾尔反而是一款美国精酿，它来自于大名鼎鼎的创始者酒厂（Founders）。与酿酒狗颇为相似，创始者酒厂也源自于两位热爱啤酒的男人，迈克·史蒂文斯（Mike Stevens）和达沃·恩格伯斯（Dave Engbers），但他们早已不是热血沸腾的青年人，而是各自有着稳定工作的成熟型大叔。在决定创业，开始追逐自己的梦想前，他们也需要在内心上战胜自己。

1997年，创业之初两个人酿造了平衡性良好但缺乏特点的啤酒，这使得销量一直无法提升，更无法被认可，公司到了破产的边缘。于是，他们决定调整方向，不为迎合大众的口味而酿酒，只为少数真正懂得啤酒的人而努力。这个道理就好像我们从小就听过的卖杏的故事。如果你的杏既甜又酸，想适应所有人，反而不受欢迎。如果在酸杏的道路上走到极致，做出特点，来买的人也能把你公司的门槛踩烂。

一系列味道复杂、差异化明显、芳香四溢、浓郁强烈的啤酒诞生了。很多天马行空的创意让人拍案叫绝。早餐世涛（Breakfast Stout）让咖啡、巧克力和啤酒完美结合，颠覆了人们早餐不能喝啤酒的观念；全天IPA（All Day IPA）让IPA能够全天畅饮；马赛克的承诺（Mosaic Promise）变繁为简，打造了单一麦芽加单一酒花的新概念。从酒标设计上更能看出其独特性，从早餐世涛上带着围嘴的婴儿、波特上的黑衣欧洲贵妇、守财奴老艾尔上对你怒目而视的老渔夫、再到这款苏格兰艾尔上的甘道夫，无一不令人印象深刻。

这一切让创始者获得了巨大成功。2005 年，创始者成为了密歇根州最知名的精酿酒厂，年产量达到 34 万桶。2014 年，产量达到 90 万桶，成为全美第 23 位的精酿酒厂。创始者的大作肯塔基早餐世涛 KBS（Kentucky Breakfast Stout）和加拿大早餐世涛 CBS（Canadian Breakfast Stout）进入世界最佳啤酒前 10 名。至今已经累计获得 6 个世界啤酒大赛奖牌，4 个欧洲之星奖牌和 3 个美国啤酒节奖牌。

创始者蛮荒混蛋苏格兰艾尔就属于前面介绍的 Wee Heavy，即最烈性的苏格兰艾尔。作为一款每年 11 月推出的限量版啤酒，其酒精度每年不同，但都在 10% 以上。其最大特色是在苏格兰威士忌木桶中熟成，因此产量有限。它的色泽呈现深沉的棕红色，泡沫上泛起明显的威士忌、奶油、蜂蜜和焦糖的香气，入口时以焦糖和麦芽甜香为主基调，并混有多种复杂的味道，层次丰富。同时，凭借着酒精的升腾，香气和味道迅速弥漫开来。苏格兰艾尔标志性的烈与回味中不带有明显啤酒花苦味的特点都表现得淋漓尽致。

英式波特（Porter）

　　你肯定听说过在中国酒桌上的深水炸弹，敬酒时把白酒和啤酒混在一起，已显示自己的诚意。这种混合的方式并非国内独创，在17世纪的英国，人们将不同种类的啤酒混合在一起，成为了一种新的啤酒品种并广为流行，这就是波特啤酒。

　　当时的英国已经取得了海上霸权，来自世界各处殖民地的货船带着大量物资驶向伦敦，带来了财富的同时也造就了一大批码头搬运工人。在辛勤地忙碌了一天后，码头工人最开心的时刻就是在酒吧中来上一杯味道浓郁且营养丰富的啤酒了。由于当时的酿造技术有限，单一品种的啤酒难以保持标准度。经常由于水质问题、麦芽发酵问题出现口味的波动。于是，有人将口味柔和的轻柔艾尔、颜色更深的棕色艾尔和存放了较长时间的陈酿艾尔三者混合起来，并给这种啤酒起了一个好听的名字——三重奏（Three Threads）。这种啤酒颜色更深、酒精度更高、味道更佳浓郁，焦糖香味和麦芽的甜味更加明显，无论在精神上还是物质上都能够缓解搬运工人一天的疲劳，因此大受欢迎。显然这是一款重口味啤酒，但当时啤酒的流行趋势与现在刚好相反，色深口味重的品种更受欢迎。1730 年，一位精明的伦敦啤酒商看准了这个市场，以三重奏的样式为目标酿造了一款新的单一配方啤酒，迅速取代了原来的混合啤酒，占领了市场。作为一种啤酒风格，人们称之为波特（英文 Porter 即搬运工）。

波特啤酒在英国本土和殖民地大受欢迎，当时伦敦的所有啤酒厂都以其为主打产品。巨大的市场需求也推动波特成为了第一款大规模工业化生产的啤酒。当然生产效率就会被放到第一位，在此之前，小规模生产波特时，酒厂都使用经过中度烘烤的棕色麦芽作为原料。酿酒师认为这种麦芽既能够提供酵母需要的单糖又能够起到着色作用。而在大规模生产时才发现，这种做法并不高效。由于经过烘烤，大麦芽中的淀粉酶被抑制，有三分之一的麦芽无法被转化为单糖，造成了极大浪费。而转化率最高的就是浅色麦芽，但英国政府禁止在啤酒中添加其他染色物质，酒厂因此而苦恼不已。1817 年，丹尼尔·惠勒（Daniel Wheeler）发明了转鼓式麦芽烘干机，深色和黑色麦芽被制造出来。酒厂可以采用 95% 的浅色麦芽和 5% 的黑麦芽来生产波特，效率得到大幅度提高。

提高生产效率的另一个方面就在熟成阶段。波特之前的英国啤酒与现在 CAMRA 提倡的一样，啤酒出厂时并不能饮用，而是在酒吧内进行熟成后才可以。为了让工人们拿到啤酒就能畅饮，熟成就要在酒厂内完成。这就需要数量众多的庞大木桶，啤酒厂把木桶越做越大，即使容积达到了 400 升都觉得太小，后来制造出的木桶里面竟然能够容纳几百人。在英语中这种存储酒或水的容器叫作 Tank，没错就是坦克。第一次世界大战时，丘吉尔为了迷惑德国人，借用了这个词来给新式武器命名。没想到作为陆战之王的坦克一举成名，而真正的"坦克"（储水箱）则给英国人带来了一场灾难。

当时为了商业利益最大化，酒商之间开展了近乎疯狂的木桶体积比赛。亨利缪克斯（Henry Meux & Company）酒厂用木头做成巨大的环，然后一个个环堆叠起来并用铁箍紧密衔接，做成了能够容纳 600 吨啤酒的无敌啤酒桶。他们认为凭借英国人的先进造船技术，做个装啤酒的木桶绝对小菜一碟。然而，就是这样的大意造成了世界啤酒史上最知名的悲剧。1814 年的一天，一个木桶上被腐蚀的铁箍出现了松动，最终导致木桶破裂，溢出的啤酒造成连锁反应，酒厂内的众多巨型木桶纷纷坍塌，啤酒形成的巨浪高达5米，与海啸级别相同。想象一下福尔摩斯时代的伦敦街道，再加上由黑色啤酒形成的滔天巨浪，会是一幅什么样的场景啊！啤酒浪涌向周边的街区，可怜的居民不仅有溺水而死的，还有酒精中毒而死的。这一事件对于伦敦酿酒业和波特都造成了重要的打击，从此其地位不断下降，并最终被IPA取代。

富勒士伦敦波特（Fuller's London Porter）

富勒士伦敦波特可以说是英式波特的代表，从酒瓶的外观设计上就充满了英式风格，最下方还有运送啤酒的搬运工，十分形象。深黑色的酒体只有在逆光中才表现出红宝石色，焦黄色的泡沫并不算多，薄薄的一层。但却散发着诱人的焦香，让人联想到黑巧克力和咖啡。入口后最大的感觉是味道浓郁厚重，没有强烈的碳酸刺激，焦香味中带有微微的麦芽甜香。只有后味中能够体会到一丝的啤酒花苦味，让整个品尝过程以清爽收尾。整体味觉层次丰富，甜美诱人的同时并不会让人感觉过腻。

森美尔泰迪波特（Samuel Smith Taddy Porter）

　　森美尔的泰迪波特采用酒厂内的井水酿造，这口井从 1758 年开凿使用至今。由于水中富含矿物质，因此给这款波特带来了独特的味道（轻微石膏味）。啤酒颜色深黑难以透光，泡沫略带棕色，给人摩卡咖啡的错觉。具有烤麦芽、黑巧克力和咖啡的香气，同时融合了黑加仑葡萄干和烤核桃的味道。碳酸感不强，口感柔滑如丝绒穿过指缝一般。

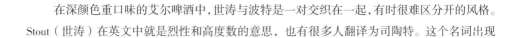

爱尔兰世涛（Irish Stout）

　　在深颜色重口味的艾尔啤酒中，世涛与波特是一对交织在一起，有时很难区分开的风格。Stout（世涛）在英文中就是烈性和高度数的意思，也有很多人翻译为司陶特。这个名词出现得比波特更早，在所有类型的艾尔啤酒中，高酒精度版本前都被冠以世涛。甚至有专家提出，波特啤酒只是整个世涛发展中的一个阶段而已。虽然在早期，世涛是与高酒精度对应的，但随着时代的发展，世涛啤酒的酒精度越来越低，而其代表的意义更多集中在深色啤酒上，而不再仅仅是烈性。

由于两次世界大战，英国对于粮食等物资的控制愈发严格，英式波特在本土受到了诸多限制，反而是在邻居爱尔兰被发扬光大了。

说道爱尔兰世涛就不能不提大名鼎鼎的健力士。Guniness 一词在国内被翻译成了两种，一个是健力士，另一个就是吉尼斯。难道这款爱尔兰啤酒还跟世界纪录有关？的确，回忆一下朋友聚会，喝多了以后会说点什么，最多的就是吹牛和打赌吧。爱尔兰人也是一样，人们在酒吧里几杯啤酒下肚，就会为一些什么是"最"的事情争论不休，例如，什么鸟飞得最快、什么动物跳得最高等。1951 年，健力士的董事长休·比佛爵士（Sir Hugh Beaver）就遇到了类似情况，虽然打了赌但并没有一个权威的机构能够对结论给出正确答案，这让大家的兴致好像被泼了一盆冷水。于是他想到，如果能够出一本书，将这类争论和打赌的问题给出答案，就会有据可查。想到好的点子他就开始了行动，1955年，第一版《吉尼斯世界纪录大全》面世，立即成为了畅销书。如今，吉尼斯世界纪录无人不知，它囊括了人类世界、生物世界、自然空间、科技、建筑、交通运输、商业艺术、体育等众多门类，最权威地记录了那些最好、最坏、最美、最丑、最大、最快、最高的纪录。而健力士啤酒厂就是这个机构的母公司。

除了吉尼斯世界纪录，还有一个奇闻与这家酒厂联系在了一起。1752年，这家酒厂的创始人亚瑟·健力士（Arthur Guinness）根据其教父——爱尔兰教会卡塞尔大主教的遗嘱，获得了100英镑的遗产。亚瑟·健力士就用这100英镑起家，他先是在爱尔兰首都都柏林以西17公里的小镇莱克斯利普（Leixlip）租了一家啤酒厂开始经营。租房的朋友都知道，房东年年都涨房租，所以一次多租两年可以省钱还能省去搬家的麻烦。亚瑟·健力士也是这么想的，5年之后他在都柏林建立了自己的啤酒厂，地点位于市中心的圣詹姆斯之门大街（Saint James's Gate），现在我们能够在健力士啤酒罐正面看到这个名字。厂区面积为1.6万平方米，租金每年45英镑。但他考虑得更加长远，除了想到了自己，他还考虑到了儿子、儿子的儿子以及更远的后代。最终签订的租约期限是9000年。他的后人也没有忘记他，至今仍能够在健力士的酒罐上看到亚瑟·健力士的签字。

从租约的签订上你就能看到亚瑟·健力士是一位精明的商人，这个特点同样体现在其生产的啤酒上。在18世纪末，英国对啤酒征收的税是以其原料中的麦芽比例来计算的，麦芽越多，交的税就越多。于是亚瑟·健力士将前面提到的5%黑麦芽改为直接烘焙不发芽的大麦。这本是一种合理避税的方式，没想到大获成功。未发芽大麦给口感带来了不一的效果，它能够在啤酒低浓度的情况下，使得啤酒具有丰富的奶油感。

也许正是由于这种创新，所以在短短的10年间，健力士就从一个默默无闻、并无特色的波特酿酒厂变成了爱尔兰最大的啤酒厂，甚至到1886年健力士就已经销往欧洲各地，而且出现了只出售健力士啤酒的小酒吧，甚至每一家都人满为患。

健力士生啤（Guinness Draught）——视觉的诱惑

健力士官方在中国销售的只有一款啤酒，就是这款名为Draught的生啤。在啤酒的分类中，生啤是出厂时没有经过瞬时高温灭菌（即巴氏灭菌）的啤酒，所以最大限度地保留了啤酒的营养成分和香味。一般在英国，当地酒厂会有众多的直营酒吧，生啤不装瓶而是直接以桶装的形式送到这里，供给消费者。这是真正的生啤，由于能够快速销售出去，也不会因保质期短而变质。但是远隔万水千山，中国消费者如何能够喝到健力士的生啤呢？这个所谓的Draught虽然没有经过巴氏灭菌，但出厂前采用了冷过滤的方式将细菌等微生物过滤掉，然后装瓶，再配以氮气球式的易拉罐包装的啤酒也能获得如同酒吧直供啤酒一样的柔和口感。但是冷过滤依然会损失掉大部分酵母和啤酒花，让风味有所下降。所以，有机会去英国或爱尔兰旅游时，一定不要错过当地酒吧里真正的生啤。

健力士海外特殊型世涛（Guinness Foreign Extra Stout）

由于爱尔兰本土市场比较狭小，出口自然是其扩展生意的最重要手段，除了向最大的海外市场——英国出口以外，19世纪中期，健力士就已经能够将啤酒销售到世界各地了。如同IPA的诞生一样，健力士要想将啤酒品质完好地运抵海外市场就需要对配方进行一定改进，尤其是面对炎热的加勒比海国家时。于是，在口味偏清爽的爱尔兰世涛之外，诞生了更加烈性的爱尔兰海外特殊型世涛。通过增加酒精含量和啤酒花用量，使得这款啤酒能够经受在热带地区 4～5 周的海上航行。虽然时代变迁，这个类型的啤酒也在向低酒精度演变，但现在，爱尔兰原厂生产的出口型司陶特酒精度也还高达 7.5%，是健力士所有产品中酒精含量最高的。这款啤酒仍然采用新酿和陈酿混合的方式，并采用瓶中二次发酵来增强其口味。

　　由于今天的健力士已经非常国际化，在 150 多个国家销售，海外生产基地就多达 50 个，有些生产基地甚至会结合当地谷物种植情况，更改最初原料配方。例如，在尼日利亚生产的啤酒中就用当地的高粱代替了部分大麦。所以我们能够见到的健力士海外特殊型世涛版本也比较多，专门为中国市场定制的版本酒精度为 5%，而面向马来西亚市场的酒精度达到 8%。如果你希望喝到爱尔兰原厂世涛，还是要认准 7.5% 的品种。

墨菲斯爱尔兰世涛（Murphy's Irish Stout）——爱尔兰德比对手

　　健力士的生意这么火，自然引来不少竞争对手。国际啤酒巨头喜力就在 1990 年前后收购了爱尔兰第二大啤酒厂墨菲斯，将其生产的爱尔兰世涛推向全球。选择墨菲斯来与健力士竞争并非没有道理，在爱尔兰，啤酒爱好者分为了两大阵营，一个是健力士的粉丝，另一个是来自爱尔兰南部科克（Cork）市的墨菲斯啤酒粉丝。两个阵营存在长期的激烈对抗，就好像我们在足球场上看到的德比战一样。相比健力士，墨菲斯的爱尔兰世涛更加清爽，苦味更轻，更加突出焦糖和麦芽的甜香。除了工艺不同外，自西向东穿城而过的利河（Lee River）的独特水质也是成就墨菲斯的重要原因。

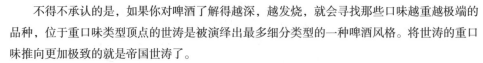

更具当地特色的墨菲斯和更国际化的健力士之间的关系，非常类似比利时小麦啤酒中布鲁塞尔白啤与福佳白啤之间的关系，具体选择哪一款就要看你自己了。

帝国世涛（Imperial Stout）——
女沙皇的最爱

不得不承认的是，如果你对啤酒了解得越深，越发烧，就会寻找那些口味越重越极端的品种，位于重口味类型顶点的世涛是被演绎出最多细分类型的一种啤酒风格。将世涛的重口味推向更加极致的就是帝国世涛了。

虽然这种啤酒发源于英国，可名字中的帝国并非指大英帝国，而是指沙皇俄国。这种啤酒正是为了出口到俄国而做成的强化版本，因此也叫俄罗斯帝国世涛（Russian Imperial

Stout）。说到这款啤酒，离不开一个人物，那就是俄国历史上赫赫有名的女皇凯瑟琳（叶卡捷琳娜）二世，能够与彼得大帝相提并论的只有这位凯瑟琳大帝了。1729 年，她出生在一个德意志贵族家庭，15 岁远嫁俄国成为王储（也就是后来的彼得三世）的妻子。但到了俄国后，在宫廷中却屡遭压制和欺辱。一段不幸的婚姻没有击垮她，这位顽强的女性没有放弃，为了融入俄国的生活，她努力学习俄语和当地风俗，并改名为叶卡捷琳娜·阿列克谢耶芙娜。在 18 年的灰暗生活中，她始终隐忍、坚强。彼得三世登基后，完全缺乏治国的能力，一系列自毁江山的政策使其统治难以维持。而让俄国重新走上富强道路的正是凯瑟琳。1762 年，她得到禁卫军的支持，发动政变夺取皇位。她最霸气的一句名言是：假如我能够活到 200 岁，全欧洲都将匍匐在我的脚下。

在她当政期间，有位精明的商人希望将英格兰的世涛销售到俄罗斯。提高酒精度是必不可少的改良，这样不仅能够符合俄罗斯人的饮酒习惯，同时还可以防止运输途中啤酒结冰。这种啤酒深得女皇喜爱，从此在俄国皇室和贵族中流行开来，这就是帝国世涛。现在，帝国（Imperial）一词也被扩展到其他啤酒风格中，成为更多原料投入、更烈性版本的前缀，例

117

如帝国IPA、帝国皮尔森等等。

帝国世涛是重口味的极致，入门款的酒精度在8%以上，有些甚至接近20%。同时啤酒花的苦味更重，酒体颜色更深。对于一部分人来说，刚接触时感觉像是在喝中药。但对另一部分人来说，其浓郁的香味中包含了黑巧克力、咖啡、黑加仑、红糖、甘草的香气，口感粘稠厚重，如奶油般丝滑。在帝国世涛面前，貌似威猛的健力士也变成了爱尔兰小清新。帝国世涛的与众不同之处不仅在于重口味，还在于其可延展性。从美国精酿运动开始，帝国世涛成为了一个基石，在其配方和工艺基础上演变出了在原料中添加咖啡豆和黑巧克力的版本，还有在威士忌木桶中熟成的版本，另外有众多添加奇葩原料的试验版本。让我们见到了比以往更加丰富的啤酒类型。

帝国世涛诞生后面繁荣的大背景是为了对抗拿破仑的扩张，英国和俄罗斯形成了紧密的联盟，贸易自然十分顺畅。而当拿破仑失败后，两大强国为了争霸欧洲关系立即紧张起来，帝国世涛也就很难销售到俄罗斯。这时，芬兰、波兰和立陶宛等波罗的海沿岸国家希望参照帝国世涛酿造出一款高酒精度的深色啤酒来替代英国，抢占俄罗斯市场。但在啤酒工艺上，这些国家并没有沿用英国人的艾尔工艺，而是采用了德国的拉格工艺。因为低温发酵与熟成的拉格会让麦芽味道更加纯粹，于是一种新的啤酒风格诞生了，这就是波罗的海波特（Baltic Porter）。这种深色拉格具有接近10%的酒精度，烤麦芽味道浓郁，啤酒花苦味较弱。

森美尔帝国世涛（Samuel Smith Imperial Stout）

森美尔帝国世涛是英式最浓郁世涛的代表，它的风格更加朴实，没有时尚的外衣，更加贴近传统。它具有黝黑的色泽，几乎不可透光。一倒入杯中就能够感受它的与众不同，从泡沫上升起就散发出蜜糖、烤面包和坚果的香气，入口时焦糖、黑巧克力和咖啡的香味充满口腔，中段时各种味道交织在一起，复杂而迷人，浓郁到甚至能够感受到一点咸咸的味道。在酒精的作用下，各种香气升腾到鼻腔，让人联想到女沙皇也一定是被这种香水一般的气息所迷倒。

燕麦世涛（Oatmeal Stout）—— 丝般柔滑

　　燕麦并不是近些年来首次出现在世涛的原料创新名单中，它其实是一种古老的啤酒辅料。早在 16 世纪以前，人们就在酿造啤酒时采用燕麦，当时添加的比例高达 35%，如果比例再高就会让啤酒出现苦涩的味道。16 世纪时，英国水手曾经拒绝饮用燕麦啤酒，而后燕麦就逐渐退出酿酒舞台。

　　在现代，燕麦的营养价值被人们所关注，它富含蛋白质，含有丰富的磷、铁、钙、B 族维生素等微量元素，燕麦片成为西方人早餐的首选。于是，酒厂又开始将燕麦增加到原料中，比例被控制在了 30% 以内，不仅包含燕麦还有燕麦芽。

　　森美尔史密斯燕麦世涛（Samuel Smith Oatmeal Stout）具有淡褐色的泡沫，倒入杯中时随之带出一阵青草和麦芽的香气。泡沫虽多，但转瞬消散，只留下一层漂浮在墨色的酒体上，轻轻的尝一下，口中立时被混合着碳烤味、草药味的甜苦气息充斥，无论之前食过任何佳肴，此刻均被这种味道压过。随着时间的推移，酒中的甜味逐渐消失，碳烤味儿、草药味儿、燕麦的苦味儿更加突显。从视觉、味觉上看都会令人误以为它是一款烈性啤酒，然而恰恰相反，这却是你可以畅饮的。也许当你享用美食之季，燕麦世涛独特的口感并不适合细品，但是当你劳累了一天，四肢几乎瘫软，甚至连味觉都已经麻痹时，喝一瓶燕麦世涛，那独特和强烈的口感会刺激你的味蕾，让你将神精立时集中在饮酒上，全身渐渐放松下来，即使多喝上几杯，那微薰的轻飘飘的感觉也会让你进入一种舒适的境界。

甜世涛（Sweet Stout）和调味世涛（Flavored Stout）

　　人类永远不会停下啤酒风格创新的脚步，在 19 世纪末，这面创新的大旗被英国的营养学家们接了过去，在他们心目中最完美的食物是牛奶，而创新的目标自然是将牛奶和啤酒融合，成为一种全新的饮料。为此，众多营养学家之间还展开了竞争。1907 年，约翰·亨利·约翰逊（John Henry Johnson）赢得了这个比赛，他虽然没有发明真正意义上的牛奶啤酒，但是他攻克了在啤酒酿造过程中添加乳糖、乳清蛋白的技术，而且获得了专利。根据他开创的方法，在麦芽汁煮沸的过程中，每 10 公斤麦芽汁投入 2 公斤左右的乳糖。由于乳糖并不会被酵母转化为酒精，因此不会让啤酒更加烈性，而是让其更具营养，口感更丝滑，口味更甜香。牛奶世涛诞生之初，人们对其营养价值有过高的误识。当时的医生认为这种啤酒可以提高哺乳期妇女的奶水量，而且可以辅助治疗风湿病和软骨病，因此将其推荐给孕妇和肺结核病人。当然，从现代营养学的角度来看，这种观点并不正确，乳糖只是能够给人提供能量，提升血糖，并不具有治病的能力。虽然其营养价值在 100 年的时间内都被误解，但这并不妨碍今天的牛奶世涛带给啤酒爱好者一种如丝滑的拿铁咖啡一般的完美口感。

左手牛奶世涛（Left Hand Milk Stout）

　　虽然牛奶世涛诞生于英国，但是现在却被美国精酿发扬光大。比较知名的要算屡获殊荣的左手牛奶世涛了。这款啤酒来自美国西部荒凉的科罗拉多州，1990 年，一个富有激情的年轻人迪克·多尔（Dick Doore）得到了一份礼物，那是一套家庭自酿啤酒的设备，从此他走上了精酿啤酒之路。3 年后，他在丹佛市北部的小城朗蒙特（Longmont）拥有了自己的酒厂，这里紧靠洛基山国家公园，水质极佳。最初他想注册的商标是印第安的山峰（Indian Peaks），然而这个商标已经被注册了，于是他想到了 19 世纪当地著名的印第安酋长 Niwot（人

送外号"左手")。左手是阿拉帕霍（Arapaho）部落一位爱好和平的酋长，对白人淘金者
虽然反感，但仍以礼相待。1864 年，他与 160 多名印第安人一起被白人屠杀，成为印第安
历史上的一大惨案。

　　左手啤酒迅速打开了科罗拉多本地市场。1994 年，左手推出的锯齿艾尔（一款在麦芽
和啤酒花之间取得完美平衡的琥珀色艾尔）和黑杰克波特（一款拥有轻微麦芽甜香混合了黑
巧克力和浓缩咖啡以及草药香气的英式波特）荣获了美国啤酒节（GABF）颁发的金牌和银
牌。使其在美国精酿圈中名声大振。随后更是推出了左手牛奶世涛，这款啤酒在奶油般丝滑
的口感中融入了烤麦芽和咖啡的味道。其中，乳糖所体现的甜味非常微妙，并非直接的甜，
而是从开始时的香草味过渡到椰香最后到咖啡的香气，层次分明且有着很好的平衡。2011 年，
迪克推出了氮气版本的左手牛奶世涛，他没有采用健力士和宝汀顿的氮气球，而是独创了一
种直接将氮气注入瓶内的新方法。氮气版本中酒体更加丝滑，泡沫更加细腻丰富，口感更接
近生啤的新鲜度。

阳斯双倍巧克力世涛（Young's Double Chocolate Stout）

　　阳斯双倍巧克力世涛来自伦敦以北的贝德福德郡（Bedfordshire），它与牛津和剑桥一起守卫着伦敦的北大门。虽然名为巧克力世涛，但由于添加了葡萄糖和乳糖，所以这款啤酒被啤酒鉴定师认证组织（BJCP）划分在了甜世涛（即牛奶世涛）范畴。大部分世涛的黑巧克力味道来自于深度烘焙的大麦麦芽，但这款啤酒的原料中还真的包含了黑巧克力。一倒入杯中，就能够闻到巧克力香味，酒体深黑色，细腻的泡沫呈现出咖啡的颜色。入口时麦芽的焦香成为主基调，随后能够品尝出柔和的黑巧克力和咖啡香气，结尾带有一丝苦味，从而进行了完美的平衡。与其他世涛较浓的苦味相比，它更容易被人接受。在喝酒时如果能够配上一块布朗尼，绝对是非常美妙的组合。

森美尔巧克力世涛 (Samuel Smith Chocolate Stout)

　　森美尔巧克力世涛的包装与众不同，虽然是玻璃瓶但造型独特，颇具英伦气质。瓶颈细长，与瓶身之间过渡很急，与常见的工业拉格玻璃啤酒瓶完全不同，给人一种福尔摩斯时代英国的复古感觉。将森美尔巧克力世涛倒入杯中后，第一印象是泡沫颜色都很浓重，在其他类型的啤酒中非常少见。随着泡沫的升高，一股在电影院才能感受到的爆米花香味扑鼻而来，其浓郁程度也是非常惊人。酒体黝黑几乎无法透光。入口先是非常浓郁的香草、黑巧克力香气，然后能够感受到麦芽的甜香，让人满足，就在你快要腻的时候，酒花的苦味非常及时地表现出来，让收尾异常干净利落。整体上香气迷人，浓郁醇厚，而且平衡性极佳。

　　正是由于世涛黝黑的颜色、浓重的口味让其具有了其他啤酒无法具有的包容性，也成为精酿爱好者手中可以展开想象力翅膀的画板。在调味世涛这个类型中，每年都有新的类型加入，不禁让人感叹啤酒的千变万化。除了巧克力世涛、咖啡世涛（原料中加入咖啡豆）、肉桂世涛、辣椒世涛外，甚至还有牡蛎世涛（加入了牡蛎提取物）。

第 4 章

微醺经典之旅
——比利时啤酒

　　比利时是世界啤酒多样性的宝库，正是由于其独特的地理位置，它吸收了德国的严谨精神和精湛酿酒技术，也融合了法国葡萄酒文化，受到荷兰全球贸易的影响大量使用来自东方的香料，更吸收了英国艾尔的精髓，再加上本土的酿酒传统，使得比利时啤酒精彩纷呈。比利时白啤现在火遍全球，更有酸啤、水果啤酒等让人大开眼界的风格。

　　难能可贵的是，这些风格大多是在家族式酿酒厂一代代继承下来的，虽然屡遭战火摧残，但依然生生不息。在这些家族酒厂中有的已经传承十多代而没有易手，比利时人极为重视酵母，将其像传家宝一样珍藏。有些家族酒厂也不断发展壮大，像督威和布马甚至能够跟国际大型啤酒公司一比高下。

　　修道院啤酒更是比利时的核心特色，那神秘的院墙内，为信仰而过着艰苦生活的修士酿造出了世界上最不可思议的啤酒。因为与世俗企业的理念完全不同，所以许多爱好者对修道院啤酒更加着迷。

　　精致的比利时啤酒更是改变国人拼酒干杯坏习惯的良方，让啤酒装点时尚生活，从此啤酒也可以被仔细品味，也可以在寒冬里带来温暖。

比利时白啤 (Belgian Witbier)

　　比利时的啤酒品种多样、异彩纷呈，不仅包含了发烧友最爱的修道院啤酒，还包括了普通大众都能接受的白啤即小麦啤酒，你经常在啤酒罐上看到的是荷兰语 Witbier。比利时白啤来自于这个国家中部的弗拉芒·布拉邦省（Flemish Brabant），这里是比利时的核心，首都布鲁塞尔就位于这里。蓝精灵之父贝约和《丁丁历险记》的作者埃尔热都居住在这里。历史上这里就以食品加工业而出名，啤酒、巧克力、饼干是其主打产品。

　　由于这里盛产小麦，从11世纪开始就酿造小麦啤酒。与比利时其他地区一样，酿酒技术的发展要归功于修道院的教士们，当时由于工艺落后，小麦啤酒往往有难喝的酸味，所以这里也是率先采用啤酒花来平衡这种酸味的地区。而有趣的是，到了现在比利时白啤的原料中虽然有啤酒花，但其地位却很低，你也几乎从中尝不到啤酒花的苦味。由于比利时邻近荷兰，而大航海时期，荷兰人从亚洲带回了众多香料，于是，教士们就开始尝试使用多种香料来抵抗酸味，提升香气，这样造就了品种繁多、口味各异的比利时白啤。随着时间的流逝，最终被保留下来的香料包括香菜籽和苦橙皮，成为今天比利时白啤特色味道的来源。与德国小麦啤酒不同的是，比利时白啤使用未发芽的小麦。

福佳白啤 (Hoegaarden) ——当红明星

　　从弗拉芒·布拉邦省首府鲁汶（Leuven）向东南走不远就会到达小镇胡哈尔登（Hoegaarden），福佳白啤就来自于这里。18世纪初，比利时白啤迎来了第一个繁荣时期，当时仅这个小镇上的酿酒厂就多达12家。但从20世纪开始，比利时白啤逐渐走了下坡路，1957年最后一家当地的啤酒厂 Tomsin 也倒闭了。这家酒厂的一名工人皮埃尔·塞利斯（Pierre Celis）失业后以送牛奶为生，但其心中一直有个梦想，将比利时白啤继续传承下去。1966年，他在自己的仓库里开始手工酿造白啤，也算是当年精酿啤酒的达人了。进入80年代后，他的生意有了起色，建立了自己的啤酒厂。他终于实现了梦想，家乡胡哈尔登的名字再次出现在啤酒的标签上。福佳白啤的标志也很特别，除了家乡小镇的名字外，一个是代表主教权威的权杖，另一个则是代表了酿酒师的搅拌铲，设计得仿佛是法老胸前代表着上下埃及的权杖一般。

　　然而好事多磨，1985 年的一场火灾使酒厂难以维持下去，就在这时比利时最大的啤酒集团——当时的英特布鲁（Interbrew）集团即现在的百威英博向皮埃尔提供了帮助，重建了酒厂恢复了生产。最终，百威英博收购了福佳白啤，凭借这家国际化大集团的力量，福佳白啤红遍全球啤酒市场，更成为近年来中国和亚洲市场上的明星。

　　将福佳白啤倒入杯中后，酒体颜色浅黄，很接近柠檬皮的色调，给人清新的感觉。结合云雾状的不透明效果，给人一种视觉的享受。与其他大部分啤酒不同，福佳白啤的泡沫并不丰富，而且持续时间很短，马上就会消失殆尽。随着泡沫的消失，一股清新的橙皮香气迅速升起，令人愉悦。入口时橙皮香味十足，伴随着啤酒花的淡淡苦味，而且两种味道持续时间长，有很久的回味。虽然泡沫消失很快，但酒中的二氧化碳含量却很高，即使喝到最后也留存很多，这样就会在舌尖上留下刺激的感觉。虽然香气十足，给人一种女士啤酒的印象，但是口味却并不寡淡，而且相对很有层次，略带劲道。橙皮香气会给人一种果汁的错觉，让你不断拿起酒杯。但如果你不经常喝酒，不等一杯喝完，就会发现福佳白啤并不简单，那种微醺的感觉来得甚至比德国黑啤还更快更强烈。玻璃瓶装的福佳白啤多为比利时原产，香气和味道要比韩国产的听装更加出色。

布鲁塞尔白啤（Blanchede De Bruxelles）
——更芬芳的比利时白啤

　　比起国内如日中天的福佳白啤来说，缺少了国际大啤酒集团背景的布鲁塞尔白啤往往被人忽视，但只要你有机会喝到这款啤酒，就会对本来认为已经非常了解的比利时白啤有新的感受。

　　从包装上说，布鲁塞尔白啤更显传统，正在尿尿的小于连是比利时首都布鲁塞尔的标志。传说是西班牙占领者在撤离布鲁塞尔时准备用炸药彻底摧毁这座城市，幸好路过的小于连急中生智，尿灭了导火索，拯救了城市的人民，并且成为了英雄。

与国际化包装的福佳白啤相比，这款啤酒更有地方特色。在原料中布鲁塞尔白啤的小麦比例是 40%，同样加入了香菜籽和橘皮作为调味辅料。倒入杯中后你会发现，它的泡沫更加丰富和持久，而且能够闻到非常明显的果香。酒体颜色为淡黄，稍微有些云雾状的浑浊，整体外观比较低调，没有福佳白啤的柠檬色那么诱人。入口时能明显地感受到柑橘和花朵的芬芳，而且伴有更加明显的果酸味，非常解暑爽口。从香气和味道上可以说比福佳白更加出色，而且无论入口的感觉还是回味几乎都察觉不到啤酒花的苦味。最重要的是，酒的劲道没有福佳白那么猛，与其果汁般的口味非常匹配。

比利时淡色艾尔（Belgian Pale Ale）

　　比利时淡色艾尔是爱好者深入了解比利时啤酒风格前最好的过渡，它的口味更容易让人接受。由于比利时地处德国和英国之间，19 世纪末，来自东边的浅色拉格潮流也直接冲击着比利时，为了保持自己的传统，比利时人效仿英国将自己的艾尔啤酒改良为淡色版本，这样既能够顺应时代潮流，又能够坚守自己的传统工艺。与口感柔和内敛的英式淡色艾尔相比，比利时淡色艾尔的麦芽香气更加突出，啤酒花的苦味被限制，同时突出了比利时特有的酵母味道。

莱福金啤（Leffe Blonde）——多磨的命运无法阻挡金色的品质

　　莱福金啤来自比利时南部的纳慕尔省，这里与法国北部接壤，也是比利时最大的法语区。国境线南边就是法国的色当，1870 年，法国皇帝拿破仑三世在这里惨败给了普鲁士铁血宰相俾斯麦，39 名将军和 10 万士兵成为了俘虏。马斯河（Meuse River）就从这里一直向北流淌进入比利时纳慕尔省，这里就是有名的阿登山区，由于地势崎岖，原始森林茂密，所以"二战"初期法国人认为希特勒的机械化部队无法穿越，而最终导致了失败。诺曼底登陆后，美军也在此与德军鏖战，异常惨烈。

　　马斯河畔风景秀丽，在两国边界附近的小镇迪南（Dinant）就是乐器萨克斯的发明人阿道夫·萨克斯（Adolphe Antoine Sax）的故乡。莱福修道院就坐落在小镇北边，紧靠马斯河。这座修道院建于 1152 年，与比利时其他的修道院一样，教士们为了获得洁净的饮用水，并且取得一定收入来维持自给自足的生活，开始酿造啤酒。1240 年，教士们买下了河对岸的一家酒厂，利用自己的酿造技术扩大了生产。

　　莱福修道院饱经沧桑，1460 年被洪水摧毁，1466 年又被大火吞噬，1735 年在奥地利统治时期被驻军破坏。1740 年可以说是莱福修道院的黄金时期，啤酒品质极佳，周边教区的民众在周日更愿意来一杯莱福啤酒而不是去教堂，直到主教采取措施才将这一局面扭转。1794 年奥地利被法国击败，比利时改由法国统治，当年修道院再次被毁。直到 1902 年，教士才得以重返修道院并恢复酿酒。

　　莱福金啤虽然从啤酒分类上属于淡色艾尔，但从商业角度来说它开创了由修道院和商业酒厂联合出品的先河，而这类合作生产的啤酒被称为修道院风格（Abbey）啤酒，虽然 Abbey 就是修道院的意思，但为了跟修道院自产啤酒加以区别，所以采用音译的方式。这种修道院出技术，社会酒厂出资金和设备的合作方式形成了很好的互补，推动了修道院啤酒的工业化生产。由于莱福修道院的合作酒厂最终被百威英博收购，所以这个品牌也成为全世界流行的修道院啤酒。在国内的超市也很容易见到它的身影。

莱福金啤的酒精度为 6.6%，这在比利时啤酒当中不算高。给人印象最深的不仅是那浅琥珀的色泽，还有惊人的水果甜香。这款酒甜的程度估计能排到世界前几位。入口时最先感受到的是多种果香，包括苹果和梨等，而后铺天盖地的甜味淹没了一切，但这种甜并非单调的蔗糖甜，而是包含了麦芽、酵母所产生的多种变化，浑厚强劲而不腻人。甜味渐渐散去后，也很难品出酒花的苦味，但不知不觉间也有不错的平衡。毕竟大部分比利时啤酒都不是畅饮类型，因此滋味丰富，个性十足最为关键，收口时的均衡则没那么重要。这也是比利时啤酒往往以 330ml 小瓶包装的原因。

布马啤酒（Palm Special）——家族酒厂的传奇

精品啤酒能否规模化？家族酒厂能否走向全球？比利时的布马（Palm）啤酒厂给出了肯定的答案。

　　与比利时南部的山区不同，首都布鲁塞尔以北是一片平原，河流纵横适于农业灌溉。这里也是比利时啤酒花的主产区。布马啤酒就诞生在布鲁塞尔西北的小镇斯滕许弗尔（Steenhuffel）。1686 年，一家旅店的老板西奥多·科内特（Theodoor Cornet）为了能够让住店的客人得到更好的服务，开始酿造啤酒和蒸馏的金酒。1747 年，他的女儿安妮·科内特接管并发展了生意，她将家庭小作坊发展成了小酒厂，当时的啤酒主要销售给镇里的居民。科内特是个法国姓氏，而比利时北部居民多说荷兰语，所以酒厂被称为丹·霍恩 Den Hoorn（即科内特的荷兰语）。200 多年后，酒厂的 Palm 啤酒越来越出名，远超过了酒厂本来的名字，于是在 1974 年，老板干脆将酒厂的名字也改成了 Palm。

　　安妮·科内特虽然让生意有了起色，但对啤酒酿造并不感兴趣，于是将酒厂卖给了让·巴蒂斯特（Jean Baptiste），这个人后来成为了斯滕许弗尔的镇长。镇长经营的酒厂自然在当地的生意没得说，可要想有更大的发展还是缺少人才。1908 年，一个拥有荷兰姓氏的倒插门女婿进入这个法国姓氏家族，他就是亚瑟·范·罗伊（Arthur Van Roy），他成为酒厂发展的关键。亚瑟来自于酿酒世家，拥有远大的理想。他很快推出了名为比利时特酿（Special Belges）的啤酒，将生意的范围扩大至其他地区。就在酒厂蒸蒸日上的时候，第一次世界大战爆发了，残酷战争中一天最多伤亡士兵达 6 万人。亚瑟的酒厂也被完全摧毁。战后重建时，他遇到了艰难的抉择。为了迎合市场就要采用拉格的底层发酵技术，但制冷设备需要的花费又超出了筹集到的资金。亚瑟决定继续采用艾尔工艺，让传统得到延续。1929 年，亚瑟推出了布马特酿（Palm Special），开创了比利时淡色艾尔的先河。

　　布马特酿的推出极大地震动了那个被皮尔森潮流所淹没的年代，它标志着地域性精品啤酒文化的卷土重来，布马成为了坚定的艾尔啤酒守护者。在亚瑟的心里一直坚信布马特酿远比那些寡淡的皮尔森更有风味。然而好景不长，没过几年"二战"来临，所幸这次酒厂逃过一劫。战后得以迅速发展，1947 年亚瑟的儿子接班，推出了第二款 Palm 啤酒。通过 1958 年的布鲁塞尔世博会，Palm 啤酒被全世界所了解。1980 年，酒厂将弗拉芒·布拉邦省出名的比利时重型马（Belgian Draft Horse）当做标志。该酒厂虽然至今仍然是家族企业，但布马啤酒畅销全球，颇受专家好评。而且他们还非常具有投资眼光，运用资本注入手段挽救了许多濒临倒闭的比利时传统特色啤酒厂，使得布马成为一个较大规模的多品牌啤酒集团。

布马特酿色泽为琥珀色，仿佛蜂蜜一般，这种颜色由棕色麦芽带来。香气中包含了焦糖和深色水果的气息。入口时在浓郁的麦芽中能够感受到多种水果的味道，这都要归功于比利时的酵母。范·罗伊家族培育并珍藏了很多不同的酵母品种，每种都可以给啤酒带来独特的味道。从中能够看出比利时啤酒对于酵母的重视程度。

特克宁（De Koninck）——酵母的力量

　　如果说比利时北部说荷兰语的地区与荷兰人的生活习惯接近，那么北部港口安特卫普（Antwerpen）就连地形都跟荷兰是一样的。这座城市位于斯海尔德河的入海口，地势低洼。这里是世界著名的钻石之都，全世界 80% 的裸钻都在此加工。从某种意义上来说，特克宁啤酒也是这座城市的标志，在安特卫普最古老的当地企业注册商标中，特克宁排名第二。传说古时候有个巨人在斯海尔德河对过往船只强行征收昂贵的通行费，付不起的人都要被砍断手扔到河中。后来，一位年轻的勇士布拉博(Brabo)战胜了巨人，并以其人之道还至其人之身，砍掉了这个巨人的手扔到了河中，恢复了斯海尔德河的通畅。所以被砍断的手代表了安特卫普。1827年，约瑟夫·亨里克斯·特克宁（Joseph Henricus De Koninck）在安特卫普南城买了一个咖啡馆（比利时的咖啡馆里啤酒往往是主打）。由于这里是城市的边界，所以咖啡馆对面竖立着一个石头柱子，上面就是一只石雕的手，用来提示进入城市的商人支付进城费。所以，现在特克宁的酒标上，左侧红底的城堡代表了安特卫普，而右侧绿底的手代表了酒厂成立时所处的收费站位置。

特克宁啤酒源自1827年，一直由家族经营。现在属于比利时著名的督威（Duvel）啤酒集团旗下。如果说比利时啤酒的原料复杂，与德国相比一直在做加法，那么特克宁啤酒则是比利时啤酒中的另类。它的原料更加简单，并没有添加香料和糖，啤酒花采用了皮尔森的萨兹（Saaz）。其独特之处几乎完全来自于独家酵母所带来的风味，从中你能够品味出桂皮、茴香、松针的味道。琥珀色的酒体非常漂亮，泡沫很快会变成薄薄的一层。口感接近英式淡色艾尔的柔和，是一款代替工业拉格，带领你逐渐了解比利时啤酒的很好的过渡。

比利时烈性艾尔（Belgian Strong Ale）

西麦尔三料是一款划时代的啤酒，它将国际流行的金色通透酒体与比利时人钟爱的烈性风格完美融合。而在修道院啤酒范畴之外，督威和浅粉象也是这一风格的典型代表。虽然从外观上看，它与比利时淡色艾尔非常接近，但是酒精含量更高，香气和味道更加复杂多样。其娇嫩的外貌与强烈的内容形成了极大的反差，仿佛披着天使外衣的魔鬼。

督威（Duvel）——烈性的"魔鬼"

在比利时，比布马还成功的家族酒厂就要算督威了，1871年由让·莱昂纳·德摩盖特（Jan-Leonard Moortgat）与其夫人一起创办于比利时布伦东克（Breendonk）。这里是一片河网密布的平原，正好位于安特卫普和布鲁塞尔之间，地理位置得天独厚。两个城市的富人都会在此地修建别墅用来度假。"一战"前，为了防御德军保卫安特卫普，在这里修建了布伦东克要塞。其实早在古罗马时期，这里就是防御北方日耳曼蛮族的重要阵地，在周围一片沼泽的环境中，布伦东克是唯一可以获得清洁水源的地方。布伦东克要塞有宽阔的护城河以及厚达 5 米的城墙。然而，两次世界大战中，这个要塞都未能阻挡德军。

  经过两次世界大战，比利时与英法的关系更加紧密，英式艾尔也在比利时受到欢迎。让·莱昂纳·德摩盖特的儿子阿尔伯特受到英式艾尔的启发，决心酿造一款淡色而烈性的新式艾尔。其中酵母是最为关键的要素，他找遍了比利时也无法获得满意的酵母品种，于是踏上了英伦三岛，最终从苏格兰的一家啤酒厂获得了理想的酵母，并一直沿用至今。

  督威这个名字听着挺霸气，其实是音译。其真实的意思是魔鬼，非常贴切地形容了其本质。这种暗黑系的命名风格也打破了德国啤酒的地名传统和英国啤酒的人名传统，成为时尚的标志，随后被众多精酿酒厂所借鉴。

  相比西麦尔三料，督威更加清透，口味更加纯净，风格也更加国际化。督威外表与内在的强烈反差来自于其独特的工艺，它采用来自更加寒冷地区——丹麦的大麦，制成轻度烘干的浅色麦芽，啤酒花使用了两种，包括皮尔森所用的萨兹（Saaz）和产自斯洛文尼亚具有菠萝和柠檬气味的施蒂亚戈尔丁（Styrian Golding）。一次发酵后装瓶，同时加入白糖进行瓶中二次发酵，期间还要在两种不同温度下进行熟成，时间长达两个月。

　　督威虽然是家族企业，但仍然具有战略眼光。至今旗下已经包括了修道院风格啤酒马里斯（Maredsous）、以法兰德斯老棕艾尔混合水果见长的乐蔓（Liefmans）、皮尔森风格的企鹅（Vedett Extra Blond）、比利时白啤风格的白熊（Vedett Extra White）、以酿造苏格兰艾尔而闻名的麦克舒弗（Mc CHOUFFE），甚至包括了两个美国精酿品牌火石行者（Firestone）和美国大道（Boulevard Tank）牌。

督威三花（Duvel Tripel Hop）——时尚潮流

　　欧洲啤酒本来并不强调啤酒花，但随着美国精酿运动的兴起，全世界爱好者都将目光转移到了啤酒花上。督威也顺应这种潮流推出了三花啤酒，而且每一年督威三花都会保持萨兹和施蒂亚戈尔丁两种酒花不变，而更换第三种啤酒花。例如，2013年采用了出自日本北海道具有柠檬和椰子香气的空知王牌（Sorachi Ace）；2014年采用了具有花香和柑橘香的莫赛克（Mosaic）；2015 年是采用了柑橘风味的新酒花春秋（Equinox）；2016 年采用名为 HBC291 的新品种啤酒花。这种啤酒花诞生于实验室。它是由具有木头香气的努格特（Nugget）与高苦味的冰川（Glacier）两种啤酒花杂交而成；2017 年则采用大名鼎鼎的西楚（Citra，美国知名酒花，具有芒果、百香果等热带水果味）。督威三花不仅看重酒花的品种，还对产地有严格的要求。2017 年的西楚就来自于美国华盛顿州的雅克玛谷。

2016 年，督威还一次性地推出了 6 款黑色标签的三花，除了上面介绍的 5 款外，还有来自于美国，具有浓郁水果及柑橘香的阿马里洛（Amarillo）。督威组织了 5000 多位爱好者参与投票，最终获胜的啤酒花是西楚。

对于第三种酒花的精挑细选，自然在使用方式上也不一样。为了避免在麦汁煮沸时投入啤酒花造成芳香精油的损失，这第三种酒花都采用干投工艺，在熟成阶段才投入干花。督威三花的酒精度提高至 9.5%，口感更加浓烈，绝对是更加迷人的督威升级版。

浅粉象（Delirium Tremens）——劲道隐藏在可爱外表下

　　如果说督威的反差来自于清透漂亮，给人毫无威胁感的酒体颜色，那么浅粉象则又增加了一层漂亮的外衣——酒瓶包装。浅粉象淡蓝色的酒标，憨态可掬的粉色小象，卡通的字体，走钢丝的绿色鳄鱼和踩球的蜥蜴，都让人觉得这是专门为女士准备的低度酒。其实它的内心一样是魔鬼。

　　你可能觉得啤酒和大象似乎是风马牛不相及的事，然而大象也会喝醉，它们并非直接喝酒而是吃了漆树（我国古代制作漆器的涂料用的就是这种树的汁液）的果实，果实在大象胃里被天然酵母发酵产生酒精，从而导致大象醉倒。其前腿瘫软，长鼻下垂的姿态与浅粉象啤酒瓶上的图案颇为一致。与卡通包装完全相反的是这款啤酒的名字，在拉丁文中 Delirium Tremens 的意思是酒精中毒之后产生的幻觉和颤抖反应，又是一个暗黑系的名字，但却暗示着其可爱外表后面会带给你的严重后果。粉象、鳄鱼和蜥蜴都是在产生幻觉时最常出现的形象。无论是浅粉象还是深粉象在包装设计上都很花心思，酒瓶材质乍一看上去像是陶瓷，与其他啤酒瓶截然不同，但仔细查看就会发现，其实它们依然是玻璃制作，只是在外边多了一层涂料，貌似陶瓷而已。但外包装上的特立独行绝对能够成为年轻人选择它的理由。

与督威一样，浅粉象也来自于一家家族酿酒厂——于热（Huyghe）。它位于根特东南方向的小镇梅勒（Melle）。于热家族不仅经营酿酒厂还在布鲁塞尔开设了酒吧（Delirium Café），那里供应来自全世界的 2500 多种啤酒，绝对让你眼花缭乱。

浅粉象色泽为淡金色，泡沫细腻大小一致，因此非常持久。第一时间你就会闻到清新怡人的水果香气，继续让你放松对它的警惕。入口时你根本不会留意到其高达 8.5% 的酒精度，而会被带有成熟香蕉气息的甜味所迷惑，放下所有戒心，大口畅饮。当然，它并非果汁，所以在水果香味之后，啤酒花的苦味会立即出来进行平衡。酒精会让你的舌头和口腔快速升温，但并没有高度白酒那种辣辣的口感。回味持续时间很长而且强烈。

可以说浅粉象的与众不同之处在于其对高酒精度的完美掩盖，而背后的原因是由于使用了三种不同的酵母，进行了两次发酵。

一般在超市中，浅粉象的旁边就会摆着深粉象，它们像孪生姐妹一样。深粉象的名词是 Delirium Nocturnum，第二个单词为深夜的意思。深粉象酒体颜色更加暗红，少了一分水果香气多了一分焦糖的味道。虽然二者具有同样的酒精度，但是深粉象经过了三次发酵，口感更加厚重，层次也更加多样。

樱桃给劲（DELIRIUM RED）——当樱桃一屁股坐在了酒精火箭上

　　如果你按照泡沫丰富法倒酒（分三次垂直倒入酒杯中，而不是倾斜酒杯顺着杯壁倒酒），那么也能够在樱桃给劲上看到翻转的云雾，内层泡沫升起，而外层呈下降状态的场景。只不过此时的泡沫是粉红色的，很有特色。分 2 ~ 3 次倒完一瓶酒后，明显能够看到下层泡沫细腻微小，而上层的泡沫体积更大。此时需要稍等 1 分钟，让升腾的二氧化碳将瓶内发酵时产生的令人不快的气味散掉。很快你就能够闻到泡沫顶端淡淡的樱桃、奶油蛋糕、刚刚修剪过的草地的气息。然而，并不会有樱桃兰比克那种甜香。入口时你满怀期待的本是一款果汁啤酒，而真实情况是第一味道是苦味，先给你一个下马威，然后是烈酒一般强烈的酒精劲道，从喉咙处升腾而起，直达口腔上颚和鼻腔。此时，乘着这股酒精火箭，樱桃的香气扶摇直上，包裹了整个味觉和嗅觉，让人如痴如醉。

极乐断头台（La Guillotine）

　　家族酒厂往往有着更旺盛的创造力，你能够想象卡通温馨的浅粉象还能有一个冷冰冰的与死亡主题有关的兄弟吗？这就是 1989 年于热酒厂为了纪念法国大革命 200 周年而推出的 La Guillotine 极乐断头台啤酒。虽然砍头这个残忍的刑罚中外都有，但法国人为了提高效率将其机械化，这就是断头台。在法国大革命前，断头台没有一个同一标准，刀的样式有铡刀，有镰刀还有斧头。而 1789 年，法国大革命后，一位名为 Guillotine 的医生提出死刑应该更加快速人道，于是他与一位德国工匠一起设计了新型的断头台，这就是拥有梯形铡刀的 Guillotine 断头台。路易十六和他的王后都是在这样的断头台上被处死的。

在 La Guillotine 极乐断头台啤酒的包装上，这样一台杀人机器被放在了血红色的背景下，让人无法忘记那段历史。这款啤酒拥有金黄的色泽，透着青苹果的香气。它使用了三种啤酒花，包括带有泥土和草药味的萨兹、辛辣且有黑加仑气味的金酿，柑橘香气浓郁的阿马里洛，使得口味非常丰富，你能够感觉到饼干、柑橘、奶油和青草的味道。回味中的苦耐人寻味且平衡性极佳。

布什琥珀啤酒（Bush Amber）

在跨国啤酒公司不断兼并和吞噬特色小酒厂的今天，有一家比利时家族酒厂屹立不倒，坚持着自己的酿酒理念，而且一直传承了八代人，这就是布什啤酒。1796 年，约瑟夫·勒鲁瓦 (Joseph Leroy) 创建了这家酒厂，两百多年来将独特的酿酒技术代代相传。难能可贵的是在这样一个全球化的时代，他们依然坚持啤酒厂 100% 的独立，拒绝跨国公司的注资，坚持采用 100% 天然原料酿酒，拒绝贴牌，全面控制酿酒过程，即使供不应求，依然不外包生产。

其主打产品是酒精度高达 12% 的布什琥珀啤酒，它采用橙色标签。酿酒用水取自酒厂地下，而且独特的酵母在家族中已经培养和传承了 80 年。由于酒精度较高，倒入杯中就能够闻到焦糖与浓郁的酒香。入口瞬间那厚重而多样的水果味道成为主旋律，中段时甜与苦平衡得非常出色，当然在回味中比较强烈的酒精会让热气升腾，直冲鼻腔，劲道十足。

除了烈性的琥珀啤酒，布什还有一款树妖啤酒（CUVÈE DES TROLLS）颇有特色。酒标上的卡通形象好像顶着一头啤酒花造型的精灵。这款啤酒在酿造过程中加入了柑橘皮，具有令人愉悦的水果香味。你也能品尝出菠萝、柠檬和白葡萄酒的味道。另一款造型别致的夜色啤酒（BUSH DE NUITS）酒精度达到 13%，它在勃艮第红酒的橡木桶中熟成 6 ～ 9 个月，无论在颜色还是口感上都带有葡萄酒的特点。它呈现出美丽的红琥珀色，浑浊不透明，香气中都带有葡萄酒的酸香。入口能感到丰富的成熟水果香味，酸与甜完美平衡。

法兰德斯红色艾尔（Flanders Red Ale）和老棕艾尔（Oud Bruin）

在重口味的啤酒中可能出现各种各样的味道，但酸味往往代表了啤酒变质无法饮用。然而，事情没有绝对的。在比利时北部的荷兰语地区同样也受到红酒的影响，在靠近海边的西法兰德斯省就出产一种红色艾尔，以酸味为主要特点。这种啤酒在酿造中除了啤酒酵母还像柏林白啤一样加入了乳酸菌进行混合发酵，并在木桶中长时间熟成，再加上英国人喜欢的新旧啤酒混合的方式，形成了独特的口味。

而东法兰德斯省则出产风格近似的老棕艾尔，这种啤酒虽然不在木桶中熟成，但运用独特的艾尔酵母和野生酵母获得更加强烈的酸味和泥土气息。代表性的酒厂是乐蔓（Liefmans），它以老棕艾尔为基础，增加樱桃等水果进行再次发酵，获得的酸甜口感啤酒最受认可。而地道的窖藏啤酒（Goudenband）则用新旧两种啤酒混合，具有更强的酸味，还带有烟熏、咸味和草药味道，一般人不容易接受。

罗登巴赫特级啤酒（Rodenbach Grand Cru）——四兄弟的传奇

　　罗登巴赫家族在比利时赫赫有名，涌现过众多政治家、将军、诗人、作家、酿酒师和企业家，在比利时建国过程中颇有美国国父约翰·亚当斯和萨缪尔·亚当斯兄弟的地位。四兄弟中佩德罗·罗登巴赫（Pedro Rodenbach）在1812年参加了拿破仑对俄国的远征。他和另外两个兄弟亚历山大·罗登巴赫（现在有以他命名的限量版酸樱桃啤酒）和费迪南德·罗登巴赫都是国会议员。而老四康斯坦丁·罗登巴赫是比利时国歌《布拉班人》的作者。

　　1836年，佩德罗·罗登巴赫和他的妻子一起在比利时西部的罗斯勒（Roeselare）建立啤酒厂。开始阶段这家酒厂并没有酿造红色艾尔，直到1878年佩德罗·罗登巴赫的孙子尤金·罗登巴赫（Eugene Rodenbach）去英国学习酿酒，并带回了新酒和陈酒混合酿造技术，与比利时当地酸啤酿造方法结合，才真正开始了红色艾尔的生产。罗登巴赫引以为傲的还有其壮观的橡木桶熟成仓库，其中摆放了294个顶到天花板的大型橡木桶，有些年份超过150年。怎么，你担心啤酒洪水？酒厂也专门考虑到了这个问题，所以安排了专门的木匠团队随时监控酒桶的牢固程度。

罗登巴赫最具代表性的就是其特级（Grand Cru）啤酒，其口味不仅最接近红酒，而且Grand Cru这个词也来自法国波尔多地区，直译是特级的意思。最初用来划分法国具有地域代表性的葡萄酒，无论在波尔多还是勃艮第都是最高的等级，红酒瓶上带有Grand Cru字样代表了酒庄一流且具有经典的味道，随后这一分类标准还被用在白兰地上。比利时更是将其扩大化，在啤酒甚至巧克力分类中都能够看到。

罗登巴赫特级啤酒的红色酒体来自于独特的麦芽处理技术，同时混合了从浅到深的多种色泽麦芽。啤酒会先在不锈钢桶内发酵，然后转移至橡木桶内熟成，熟成时间少则几个月，多则两年。正是这些木桶中的野生酵母和乳酸菌等微生物使得罗登巴赫啤酒具有了独特的味道。泡沫比较小，直接可以闻到酸香气味。入口时酸味并不那么刺激，而是混合在了柠檬、葡萄和青苹果味道之中，层次分明。细品还会感觉到麦芽的甜香和像木桶带来的气息。

修道院啤酒（Trappist Beer）

修道院啤酒是比利时啤酒享誉全球的招牌性产品，刚刚接触比利时啤酒的爱好者更是对修道院啤酒的来历、特点知之甚少。

17世纪时，一批修士在法国诺曼底地区建立了特拉普修道院（La Trappe Abbey），坚持远离世俗、律己、劳作，每日祈祷和阅读的修行方式，从而自成一派。修道院啤酒中的Trappist一词就是特拉普派修士的意思。

　　特拉普派的修士认为除了祈祷和劳动其他事情都可以省略，甚至包括说话，所以特拉普派修道院内非常安宁。他们自己耕种土地获得食物，通过自己的手工劳动获得日常生活必需品。由于中世纪的欧洲经常流行疫病，而被污染的水是重要的传播途径，所以修士们为了获得洁净安全的饮用水开始酿造啤酒（啤酒的酿造过程中经过煮沸，啤酒花和酒精都具有杀菌作用）。他们自己饮用的是酒精度较低的啤酒，这样就不容易喝醉。为了实现修道院自给自足的生活，他们还会将度数较高的啤酒向社区出售，所得收入仅仅是为了添置衣物，修补房屋。由于修士是比较有知识的群体，所以很快耕种土地的修士成为了欧洲农业专家，而酿造啤酒的修士成为了酿酒大师。除了酿酒技术因素外，修士们不为盈利，使用更好的原料，追求更完美的品质也是修道院啤酒成功的重要因素。

　　法国大革命期间特拉普派修道院受到冲击，大量北迁，所以今天在比利时与荷兰保留下来的较多。虽然修道院的修士乐善好施，心地善良，但这也屡次为其招惹祸端。出于仁慈之心，在战争期间，修道院往往会收留一些受伤的士兵并对其进行治疗。而敌方军队一旦在局部获得胜利，修道院就难逃一劫。这也正是修道院大多数都遭到多次损毁的原因。随着特拉普派修道院啤酒知名度的提高，出现了很多未经授权就打着修道院旗号的啤酒在市场上销售，1962年，由智美（Chimay）修道院啤酒厂发起了诉讼并获得胜诉，从此修道院啤酒这个名称（严格来说，应该称作特拉普修道院啤酒，以便与修道院授权给商业酒厂生产的啤酒区分开）成为了专属权，只有获得了国际特拉普派修道院啤酒协会颁发的认证才能成为修道院啤酒。而要获得认证要满足三个条件：

1. 必须在修道院围墙范围内酿造。

2. 必须由修士全程负责生产流程。

3. 啤酒销售不能以商业盈利为目的，扣除成本外，收入主要用来进行慈善事业和社区服务。

目前，比利时获得了这个认证的修道院共6家，它们是：智美（Chimay）、阿诗（Achel）、奥威（Orval）、罗斯福（Rochefort）、西麦尔（Westmalle）、西佛莱特伦（Westvleteren）。在这些啤酒上你都会看到认证徽标。

西麦尔（Westmalle）——双料三料风格的奠基者

安特卫普东北郊区有一个小镇叫作马莱（Malle），从16世纪开始，小镇遭到了西班牙人、荷兰人、奥地利人和法国人多次摧毁。1815年，拿破仑兵败滑铁卢，哥萨克骑兵也占领并洗劫了这个小镇。也许数百年的时间里，马莱的坏运气已经用完了，在两次世界大战期间马莱反而逃过一劫，完整地保存了下来。1794年，小镇西南方向，在通往安特卫普的路旁建立了一座修道院（Abdij der Trappisten），1836年开始酿造啤酒。由于地处马莱的西部，所以该修道院的啤酒以西麦尔（即西马莱）来命名。1865年，在智美取得成功后，西麦尔也扩建了啤酒厂增加了设备。相比其他修道院啤酒厂，西麦尔更加注重生产设备的现代化改造，从一战后就不断进行设备升级，不仅有了更大的酿造厂房，还有专门的酵母培育实验室、现代化的水处理厂以及地窖和灌装流水线。还形成了由修道院修士参与管理，并雇佣外部人员进行生产的高效结构。在所有六家修道院啤酒厂中，西麦尔和智美一样是比较国际化的。这也使得其产品具有稳定的质量和更大的市场。

西麦尔特级啤酒（Westmalle Extra）>>

　　很多人一直对比利时啤酒中双料（Dubbel）、三料（Tripel）和四料（Quadrupel）的概念比较模糊，不知道指的是什么。这样的命名方式会让人产生很多联想和误解，首先的一个问题就是既然有双料、三料和四料，那么有没有单料呢？

　　西麦尔特级啤酒就相当于单料，只有到了比利时马莱当地才能喝到。我们前面介绍过，最初修士酿造的啤酒主要是为了饮水卫生，给自己喝的酒精度数比较低，不容易喝醉，这样才能够默念经文和进行其他劳动，这就是单料啤酒。单料啤酒颜色较浅，甚至接近皮尔森。西麦尔特级啤酒的酒精含量就只有4.8%，是专供修道院内部的品种，而且每年只酿造两次。

西麦尔双料啤酒（Westmalle Dubbel）>>

　　中世纪时，修道院向社区提供的啤酒就是最早的双料。1856 年，根据流传下来的配方，西麦尔修道院将其恢复。在酿造过程中除了大麦麦芽外，还增加了深度烘烤的小麦麦芽，使得酒体呈现棕红色。同时在瓶中加糖进行二次发酵，酒精度提高到 7%。1926 年，西麦尔还对配方进行了修改，使得这种啤酒更加浓烈。由于使用了两种麦芽，所以西麦尔将其命名为 Dubbel，即双料。Dubbel 这个词的确由西麦尔第一次使用，但配方是早已存在的。这款啤酒也成为修道院双料啤酒的典范。有趣的是，比利时修道院啤酒中，随着单料、双料和三料的变化，酒精含量确实呈上升趋势，但是颜色最深的却是双料。

　　由于使用了小麦作为原料，西麦尔双料啤酒的泡沫非常丰富，而且随着酒杯中啤酒的减少，杯子上还会留下美丽的蕾丝泡沫痕迹。入口时这款啤酒会带给人红色浆果的味道，伴有让人精神愉悦的果酸。坚果味也比较明显，仔细品尝能够体会到杏仁和榛子的气息。而深色麦芽带来的焦糖、巧克力味道相对较淡。要想喝出更加多样的层次，不要将其冰镇得温度过低，10 ~ 12 度以上更加合适。

西麦尔三料啤酒（Westmalle Tripel）>>

　　如果说双料啤酒古来有之，那么三料啤酒绝对是西麦尔的独创。1934年，为了应对席卷全球的皮尔森风潮，西麦尔推出了这款酒精度达到9.5%的淡色烈性艾尔。其酒体颜色为金色，反而比双料的颜色更浅。很多人都对修道院啤酒中最烈的品种感兴趣，的确，能将如此高酒精度数的啤酒做到爽口不腻，各种迷人的味道不被强烈的酒精味所掩盖，这要算是其最大特点了。

　　有趣的是单料、双料、三料和四料之间并不是准确的数量级关系，而是一种描述啤酒烈性程度的标签。在给这款啤酒命名时，西麦尔采用了Tripel这个词。在19世纪的英国，不同风格的啤酒中根据酒精含量不同而进行了划分，酒精度较低的标有一个X，最高的标有XXX，甚至是XXXX。而在比利时与荷兰，淡色艾尔啤酒中最烈性的一款就叫作Tripel。西麦尔开创了三料啤酒的先河，同时也为其他修道院树立了一个标准的高品质典范。1956年，西麦尔又改进了一次配方，使用了更多的啤酒花，直到今天再也没有改变过。

　　西麦尔三料啤酒具有明显的水果香气，由于使用了小麦芽，所以仔细品尝具有一些成熟的香蕉和丁香的气息，麦芽的甜香成为入口时的主旋律。但与德式小麦啤酒又有明显的差别，其口感更加浓郁，味道的层次更多。如此浅的颜色，具有超过世涛的丰富味觉体验，绝对是让人惊奇的。在收口时，以酒花的苦味结尾，保持了很好的平衡。

请记住西麦尔酒瓶的特征，在瓶口下方的一圈"项链"非常独特，如果将其商标去掉，那么就跟后边介绍的西夫莱特伦酒瓶一样了。个人认为在圣杯造型的啤酒杯中，西麦尔最漂亮，高脚部分的"项链"与酒瓶相互呼应，协调一致。

智美（Chimay）——最流行的修道院啤酒

在国内大型超市的货架上最常见的比利时修道院啤酒就要算智美了，智美三兄弟（蓝帽、红帽和白帽）也是很多爱好者最早接触的修道院啤酒，智美也是修道院啤酒中销量最大、最国际化的。2015年，智美的销售额达到了1亿欧元。

智美来自于比利时西南部法语区的埃诺省（Hainaut），切尔西球星阿扎尔就出生在这里。该省与法国接壤，其中东南端的一小片土地三面被法国包围，这里有一座小镇就叫智美。然而，智美啤酒并不在这里生产，而只是在这里灌装。智美啤酒的产地是小镇南边10多公里的斯高蒙特圣母玛利亚修道院（Notre Dame de Scourmont Abbey），修道院的名字可以在酒瓶上看到。1844年，一位修士发现斯高蒙特山环境清幽，于是向多家特拉普修道院发出邀请，计划在此也建造一座修道院。1850年，西夫莱特伦修道院的一大批修士来到此处，耕种土地并开始酿造啤酒，生产奶酪。1871年正式得到教皇承认，建立修道院。

"二战"后在这家修道院啤酒厂的重建过程中，督威之父，比利时著名酿酒学家让·德·克勒克（Jean de Clerck）参与进来，他邀请该修道院的一位神父来鲁汶参加他的啤酒酿造培训班，最终两人一起研制出了蓝帽智美的配方。是的，正是由于不断的战火摧残，现在你能够喝到的大部分比利时修道院啤酒都是在近一个世纪重新复制的。正是由于让·德·克勒克对于智美的突出贡献，在他1978年去世后就被安葬在了斯高蒙特圣母玛利亚修道院，这是只有该院修士才能够获得的荣誉。

与西麦尔的啤酒划分方式不同，智美以啤酒瓶盖和标签的颜色进行划分。

智美金帽（Gold）>>

金色在中国代表至高无上的皇权，但在智美的体系中，金帽是入门款。它的酒精度数最低，

含量只有 4.8%。智美金帽相当于单料，早期也只供修道院内部，现在中国市场上能够见到。

　　智美金帽的包装颜色与啤酒颜色接近，倒入杯中你能看到金黄的酒体格外引人注目，但它并非皮尔森那种完全的透明，而是如蜜蜡一般浑厚。智美独特的酵母赋予了这款啤酒独特的水果香和花香，融合了令人愉悦的果酸，适合冰镇后在夏日饮用。

　　如果说大名鼎鼎的智美蓝帽值得珍藏，能够在寒冷的冬夜给你带来暖意，智美红帽适合在一顿大餐当中与丰盛的菜肴成为搭档，那么智美金帽则适合在夏日与家人一同郊游野餐的轻松时刻饮用，你可以毫无负担地沉浸在它为你带来的开心与愉悦中。

智美红帽（Brune）>>

　　智美的红帽相当于双料，它的酒精度为 7%，它与蓝帽一起都是在 1948 年开始酿造。红帽的酒体具有深琥珀色，在逆光下会呈现出靓丽的红色。泡沫丰富但并不容易挂在杯子上。气味中融合了青草和雨后泥土的清新感。入口时最显著的是焦糖的甜味和烤面包的味道，随后展现出各种深色果脯的果香，其中混杂了樱桃、李子、香蕉、杏的香气以及麦芽的甜。同样有些偏苦的收尾让这款浓郁的啤酒保持了清爽的口感。

智美白帽（Triple）>>

　　智美白帽属于三料啤酒，酒精度达到 8%，劲道十足。由于啤酒花用量更大，即使刚倒入杯中，你也能够从泡沫上闻到明显的苦味，但这并不能掩盖住酵母带来的香气以及浅色水果的气味。酒体呈现出略带橙色的金黄。入口后麦芽的甜香一闪而过，立即就会感觉到比前两种更加明显的啤酒花苦味，以及更烈的冲击力所映射出来的辛辣味。回味中苦味依然浓烈，但在其中仍能感觉到那一丝甜香。对于刚接触修道院啤酒的爱好者而言，如果从白帽开始还是比较难以接受的，那种多层次的苦味对于发烧友来说绝对是一种令人难忘的回忆。

智美蓝帽（Blue & Grande Reserve）>>

　　智美蓝帽是其最为经典的款型，在酒瓶上还会标出生产年份。由于啤酒在瓶中会继续进行发酵，所以蓝帽颇有收藏价值，超大瓶蓝帽称为 Grande Reserve（即大收藏），这一包装的瓶口以软木塞镶嵌并用铁丝捆绑，颇有香槟的感觉。另外还有更大的 1.5 升、3 升和 6 升包装，产量更少更具收藏价值。很多爱好者都会将其在避光的地方存放 3 年以上再打开，最长的储存记录是 28 年。

　　智美蓝帽属于比利时棕色烈性艾尔,酒体呈现棕黑色,如最浓郁的酸梅汤。泡沫虽然丰富,但消失得也比较快。倒入杯中就能闻到迷人的甜香,还混合了乌梅的香气。一入口就会感觉到它的与众不同,甜香与啤酒花的苦完美融合,而不像其他啤酒那样先甜后苦。酒精度虽然高达9%但是被甜与苦很好地覆盖。你会品尝到乌梅、深色水果、香瓜、黑加仑葡萄干、无花果的芬芳,滋味层次丰富。随着一口酒咽下,酒精的烈性开始体现,随着一股冲劲上涌甜与苦乘坐着这股力量升腾起来,从口腔至鼻腔全部是美妙的感觉。

　　虽然劲道十足,但是那种微醺的感觉来得却很慢,你有充足的时间细细品尝。但需要注意的是,一旦感觉到醉意就会非常持久,后劲比较足,所以不要贪杯。

　　大瓶的 Grande Reserve 还有桶装的品种,由于每年所采用的木桶不同风味有所差异。例如2015年冬季生产时用了来自法国和美国的橡木桶,酯香明显,具有香蕉、梨和杏的味道。而2016年春天采用了酿造过白兰地的橡木桶和新的板栗树木桶,具有红茶、茉莉和木头香气,味道上更是将原来智美蓝帽的传统风味与白兰地的特点相融合。

罗斯福（Rochefort）——来自兄弟连血战之地

　　《兄弟连》第六集"巴斯通的绝望"大家一定印象深刻。在 1944 年诺曼底登陆后，希特勒在阿登山区组织了大规模的反击。整个战役中交通枢纽巴斯通（Bastogne）是争夺的核心，101 空降师两天急行军 200 公里，抵达这里并在缺少弹药、御寒衣物和药品的情况下抵挡住了德国装甲集群的冲击，为整个战役立下了汗马功劳。

　　罗斯福啤酒就来自巴斯通以西，同样处于阿登山区的小镇罗斯福。修道院的名字是圣雷米修道院（Abbaye Notre Dame de Saint-Remy Rochefort）。1230 年左右，这座修道院就已经建立，最初是西多会的女子修道院，1464 年改为男子修道院。由于特殊的地理位置，这座修道院饱经战火摧残。几百年中，它先后被奥地利、法国、德国军队多次摧毁。1805 年甚至建筑物都被拆除。1887 年，特拉普派修士将其重建，啤酒的生产则是到 1952 年才恢复。

　　虽然在国内罗斯福与智美一样容易买到，但其实圣雷米修道院酒厂仍然没有过度商业化，它甚至不能让游客参观，也没有自营的餐厅。有些啤酒爱好者登门拜访时虽然很失望，但却能够从修道院门口得到免费的啤酒和酒杯。

　　罗斯福生产三种啤酒，命名方式与前两家修道院又不尽相同。根据三款啤酒的麦汁浓度来看，三款啤酒依次为 1.060、1.080、1.100，所以就以简要的编号 6、8、10 来标注。

罗斯福 6 号 >>

　　罗斯福 6 号虽然是基本款，但其酒精度也达到了 7.5%。即使不晃动酒瓶，一撬开瓶盖就会有泡沫往上涌，足见其瓶内二次发酵的效果。将啤酒倒入杯中后能够从泡沫顶端闻到一股清新的气味，仿佛从喧嚣的城市一下步入了大森林中，能够感受到松树、青草和野花的混合香气，其中又会透出一股甜蜜气息。酒体颜色如同酸梅汤，比较暗沉并不十分悦目。而且在泡沫上或者酒体内还能看到黑糖留下的残渣。这些元素都在告诉你这是一款非工业化的啤酒，保持了传统风格与必要的瑕疵。

　　入口时的第一感觉是这完全不是一款啤酒，而更加接近美式威士忌。酒精的烈性成为其最明显的味觉符号，其浓烈程度也告诉你，这一瓶 330ml 就是你今天全部的量，而不能再多饮。当然，考虑到罗斯福系列的价格，它也不符合国人聚餐喝工业拉格动辄十几瓶的喝法。

在浓烈的酒精劲道基础上，麦芽的甜香依然可以被味蕾发觉，随着时间的延长，还会有一丝果酸。而这一口的最后则是愈发浓烈的苦味，一开始还是咽喉中隐约的苦，随后会不断上升，让整个口腔中都充满了柔和的苦味，不仅对酒的烈性给予了很好的平衡，而且这种苦味也令人回味，并不讨厌。

　　有趣的是，虽然罗斯福6号已经很浓烈，但并不容易上头，一瓶过后微醺的感觉恰到好处，甚至远低于某些比利时白啤和德国小麦啤酒。在中国有一种说法就是"好酒不上头"，罗斯福6号也再一次印证了这个道理。其背后的原理是酿造方法科学，导致头痛的杂醇含量很低。

　　如果说清爽型的啤酒解渴祛暑，罗斯福这种浓烈的啤酒可以抚慰心灵，在微醺当中头脑反而更加清醒，一种快乐的感觉油然而生。

　　罗斯福8号 >>

　　罗斯福8号的酒精度达到了9.2%，对于那些还无法接受10号的爱好者来说，8号往往能够带来更加愉悦的品酒体验。相比6号，它的味道具有更丰富的层次。8号也是最能体现罗斯福历史传统的一款，其独特的酵母和来自修道院地下42米深处富含硫酸钙的硬水都给它带来了独特的印记。8 号入口时，带有明显的焦糖和巧克力香味，但又不会过于浓郁而掩盖了后边即将出现的酸梅味道。重点强调不同口味之间的过渡和层次，对于味觉的冲激力会弱于 10 号。

罗斯福 10 号 >>

1952 年，为了适应新时代的啤酒发展趋势，修道院以内部饮用的啤酒为基础打造了罗斯福 6 号，但还需要一款非常特别的啤酒，能够奠定罗斯福顶尖修道院啤酒地位的风格，这就是罗斯福 10 号。它使用了浅色的皮尔森麦芽和深色的焦糖麦芽，还将未发芽的小麦磨成粉加入，两个品种的酒花加上罗斯福特有的酵母，最终形成了一款能够温暖你内心的迷人啤酒。

即使喝惯中国白酒的爱好者也能够从中体会到它的劲道，酒精度高达 11.3%。它呈现出动人的红棕色，泛着烤麦芽、无花果、樱桃、坚果、黑巧克力和拿铁咖啡的香气。入口时浓郁的焦糖和巧克力味道与各种成熟水果味道有机融合。而啤酒花又给了这些复杂味道以出色的平衡。它口感浑厚浓重，可以与世涛、葡萄酒，甚至威士忌一比高下。

阿诗（Achel）——低调的优雅

　　阿诗来自于比利时最北部，小镇哈蒙阿诗（Hamont-Achel）几乎是一脚踩在国境线上。与其咫尺之遥的荷兰境内就是有名的荷甲豪门埃因霍温的主场所在地埃因霍温市（Eindhoven）。阿诗修道院1648年建立，同样屡经磨难，多次被摧毁也不停地进行重建。1914年一战爆发，由于比利时的独特地理位置，德国人要想快速占领巴黎就要经过比利时，于是激烈的列日要塞攻防战打响。小镇哈蒙阿诗也被德军占领，德国人还拆除了阿诗修道院啤酒厂的糖化槽，抢走了700公斤铜。1918年11月，就在一战即将结束之际，停在小镇的两辆装满军火的德国列车发生爆炸，不仅列车完全损毁，而且由于爆炸剧烈，镇上的居民也有1000多人遇难。这也成为人类历史上最为惨烈的爆炸事件之一。

　　"二战"后，阿诗修道院的修士们退出了农业领域，为了维持修道院的生活开销，他们很快进入了啤酒酿造领域。此时，一位叫做安东尼的修士从罗斯福修道院酿酒厂过来提供技术支持。在他的主导下，阿诗成功开发了现在为人熟知的双子星——阿诗8号金啤（Blond）

和阿诗 8 号深色啤酒（Bruin）。同样，阿诗 5 号只能在修道院附近的餐厅喝到，而 8 号向外界销售。

阿诗 8 号金啤在2001年推出，不过滤，在瓶内进行二次发酵，属于三料啤酒，酒精度为8%。这款啤酒麦香浓郁，带有成熟香蕉的味道，让人联想到小麦啤酒。而阿诗 8 号深色啤酒则充满了焦糖和坚果的味道。

奥威（Orval）——美丽的传说

奥威修道院坐落在比利时东南部的国境线上，与法国接壤，同时距离卢森堡也非常近。关于奥威的名称和其标志的来历还有一段传说。传说意大利托斯卡纳的伯爵夫人来到修道院参观，顺便看看这里从意大利来的修士。当伯爵夫人坐在池塘边时不小心将戒指掉进了水里，于是伯爵夫人发誓说如果谁能将戒指归还给她，她就出资扩建这座修道院。没想到话音刚落，一条鳟鱼口含戒指跃出了水面。伯爵夫人惊呼：这里真是一个神奇的金色山谷（Truly this place is a Val d'Or）。于是，她出资扩建了修道院，并将其命名为奥威（法语中金色山谷的发音），而口含戒指的鳟鱼成为了这里的标志。

与其他修道院不同，奥威只有一款啤酒，酒精度为 6.2%。在酿造过程中，奥威的特点在于熟成时间长达 3 周，灌装前虽然会过滤掉酵母和啤酒花，但在装瓶时还会加入少量的酵母并加糖给其提供养分。装瓶后还会在修道院以 15 摄氏度存放 4 ~ 5 天。奥威也体现了比利时人对于酵母的重视，整个酿造过程中使用的酵母达到 3 种。

奥威呈现出琥珀色，散发着多种水果的混合香气，外观比其他修道院啤酒稍显清爽。入口时才能感受到浑厚的味道，水果香与酒花苦味平衡极佳，不会留下过于甜腻的感觉。

西夫莱特伦（Westvleteren）——世界啤酒冠军

如果说比利时修道院啤酒在世界范围内算是特立独行的风格，那么西夫莱特伦修道院啤酒则是这个另类中的另类。这款啤酒来自于比利时最西部，靠近多佛尔海峡的地区。从这个小镇往西越过国境线就是法国的敦刻尔克。啤酒出产自夫莱特伦小镇西南的圣希克斯修道院

（Saint Sixtus Abbey）。1831 年，这家修道院由从法国来的修士建立，1850 年，这里的一批修士去支援斯高蒙特，所以才诞生了智美。而有了智美的成功范本，才有了西麦尔。所以，从某种意义上说，西夫莱特伦是比利时一半修道院啤酒诞生的关键。在两次世界大战期间，修道院啤酒厂的铜制设备没有被德军征用，所以能够持续生产。而其他修道院的设备大多被拆毁。

西夫莱特伦至今仍然是保持修道院啤酒传统的代表。这里的社会雇佣工人远少于修士，啤酒瓶上甚至没有酒标，只有通过瓶盖来区分品种。其所获资金也是为了支持修道院和慈善事业，不做广告，不以商业为目的。西夫莱特伦不接受商业订单，慕名前来的爱好者只能在修道院购买啤酒，而且每人只能买一提。有一段时间，修道院需要修缮建筑并更新酿酒设备，此时修道院会先发布一道通告，告知大家我们要开始一段时间对海外销售啤酒，但只要收入满足了上述费用，就会停止。这种"只饥饿，不营销"的方式反而让其知名度大增，在啤酒排名网站上，西夫莱特伦的三款啤酒（8 号、10 号和 12 号）都有很高排名，而 12 号则被评选为世界冠军。目前国内依然很难买到这种啤酒。

修道院风格啤酒（Abbey Beer）

如果你购买过很多次上述的修道院啤酒，就会发现在其高品质的背后总能遇到有瑕疵的产品。即使同一款酒不同批次也有可能出现差异。毕竟在酿造技术日新月异，生产更加依赖现代化设备的今天，单凭很少的人力和传统的设备是无法在较大产量的情况下依然保持同样品质的。而这正是社会商业酒厂的特长。

于是，一些不那么固执的修道院与商业酒厂展开合作，在提供技术的同时授权商业酒厂使用修道院的品牌。这就是修道院风格啤酒，注意刚才介绍的 6 家是特拉普修道院啤酒，二者的英文名称完全不一样。

修道院风格啤酒曾经一度非常混乱，1999 年，比利时酿酒联盟开始办理认证，至今有 18 个品牌获得这一认证。

圣伯纳12号（St. Bernardus Abt 12）——最接近世界冠军的啤酒

　　"二战"后的比利时百废待兴，那家最为神秘的夫莱特伦圣希克斯修道院虽然希望恢复啤酒生产，但并不愿意过多参与商业经营。因此，他们希望找到一家有实力有责任心的社会酒厂共同合作。1946年，修道院与圣伯纳酒厂开始合作。圣希克斯修道院的酿酒师来到圣伯纳酒厂担任技术顾问，不仅拿出了独特的生产配方，还有珍藏的酵母。很快高品质的西夫莱特伦啤酒就从圣伯纳酒厂中诞生，并对外销售。双方的默契合作维持了长达46年，期间圣伯纳酒厂将所得收入的一部分交给修道院作为重建和日常费用。修道院解决了经济问题，也开始在院内自己酿酒，但两边各自划定了销售范围，修道院自产啤酒只在周边的三家餐厅内销售。

　　1992年，合同到期，双方解除了合作。圣伯纳酒厂继续使用这一配方，推出圣伯纳12号啤酒。对于大多数无法买到西夫莱特伦12号的爱好者来说，圣伯纳12号则是一品世界第一味道的最佳途径。

圣伯纳 12 号虽属于修道院风格啤酒，但严格的啤酒分类中它是四料啤酒（Quadrupel）。除了圣伯纳 12 号、西夫莱特伦 12 号，罗斯福 10 号也是这个风格。可以简单将其理解为比三料啤酒还采用了更多原料。圣伯纳 12 号具有红宝石般深棕的色泽，散发着无花果和熟透的李子香气。入口时果香为主调，随后焦糖、巧克力的味道澎湃而来，如果你细致品尝还会有一些黑胡椒和丁香的气息融合在其中。这些所有的味道又会在 10% 酒精度的作用下升腾而起，得到强化。

马里斯（Maredsous）——来自最爱看书的修道院

马里斯修道院与出产莱福金啤的小镇迪南（Dinant）很近，这座修道院建于 1872 年，以院内藏书近 40 万册的图书馆而闻名，其中很多书籍都有上千年的历史。在这样一个注重知识传承的修道院中，高水准的啤酒自然不在话下。由于马里斯修道院并非特拉普派，因此并不在围墙内酿造啤酒。自1963年起，他们的啤酒就由督威酿造。

马里斯啤酒分为6号、8号和10号三款。6号为修士日常饮用的低酒精度类型，8号为棕色的双料啤酒，重点体现焦糖与水果的味道，而10号为三料啤酒，口感最为浓郁，它将水果的酸、麦芽的甜以及啤酒花的苦完美融合。你能够体味到葡萄干、蜂蜜、苹果、李子等多种味道。

布鲁日啤酒（Steenbrugge）——继承格鲁特传统

布鲁日是比利时西北部的历史名城，这里有着众多哥特式建筑，历来是重要的商业中心。布鲁日啤酒由德古登博姆（DE GOUDEN BOOM）酒厂酿造，这家酒厂1455年成立，至今已经有近600年的历史。在这期间，既生产过啤酒也生产过烈酒。直到1889年，才将主要业务固定在啤酒上，很快他们的产品在布鲁日家喻户晓。

提到布鲁日啤酒就一定要提格鲁特（gruit）。在公元1000年之前，啤酒花尚未被运用在啤酒中，但人们仍需要一种东西来平衡甜得发腻的麦芽汁。于是，教会中的修士和博学的大学士将各种苦味和香味植物晾干，研磨成粉出售。将其添加到麦芽汁中就可以做出具有香气，且味道平衡不腻人的啤酒来。这就是格鲁特，算是啤酒花的前任吧。但与众不同的是，格鲁特配方保密，任何酿造啤酒的人都要去贵族手中购买格鲁特。这种变相征税的方式，提高了酿酒成本，也促使那些不受贵族控制的地区想尽办法寻找合适的替代品，这也促进了啤酒花的运用。据说，格鲁特当中包括：石楠（可祛风止痛，但略有毒性）、迷迭香（西餐中常用调料，香气迷人）、香杨梅（香味层次丰富，略带苦涩），甚至还有大料、桂皮和姜。

历史上，布鲁日啤酒非常重视运用格鲁特，这一度成为其打开市场获得认可的秘密武器。至今，布鲁日还保留着格鲁特展览馆。在啤酒花出现后，格鲁特的地位一落千丈，几乎被人遗忘。但布鲁日啤酒至今依然采用一些天然香料让不同类型的啤酒更具风味。

现在这家酒厂已经属于前面介绍的布马集团。布鲁日啤酒包括四个品种：比利时白啤（Wit-Blanche）、金啤（Blond）、棕色的双料啤酒（Dubbel Bruin）以及三料啤酒（Tripel）。

比利时白啤的谷物原料中未发芽小麦占到了60%，而发芽的大麦仅为40%。它所使用的天然香料当然也是香菜籽和橙皮了，它让啤酒能够获得清新怡人的水果香气。但与福佳白不同的是，酒厂独特的酵母为这款白啤提供了烟熏的味道。而且采用了装瓶后再次发酵的方式，不仅让口味更加圆润，而且瓶底沉积的酵母还能够减缓啤酒的氧化，持续保持其风味。另外可以确定的是，在棕色双料啤酒中使用了肉桂增加风味，而其他两款啤酒中使用了什么香料则不得而知。

圣佛洋（St.Feuillien）——血色露水

　　说起圣佛洋又是一段与修士相关的故事。公元7世纪，一个名叫佛洋的爱尔兰修士来到比利时南部小镇勒勒（Le Roeulx）传教。但在公元655年10月，佛洋被迫害致死。随后，许多信徒前来悼念，大家看到这里每天早上露水都是红色的。后人在这个小镇修建了圣佛洋修道院。法国大革命期间，修道院被摧毁。

　　在当地，弗里亚特（Friart）家族从1873年就开始酿造啤酒，被认为是当地啤酒的典范。这个家族酒厂也一代一代地传承。1950年，第三代传人贝努瓦·弗里亚特（Benoit Friart）

酿造了一款金色啤酒广受好评，开始打开知名度。2000 年，第四代传人将啤酒厂更名为圣佛洋修道院啤酒厂。目前，在国内能够看到圣佛洋金啤、双料、三料、赛森、圣诞啤酒、窖藏（Grand Cru）等多个品种。其中窖藏啤酒颇具特色，与罗登巴赫 Grand Cru 相似，这一灵感同样来自于高端葡萄酒。它经过瓶内二次发酵，磨掉了味道的棱角，呈现出更加润滑的口感。由于只使用了浅色的皮尔森麦芽，所以它呈现出清澈的金色，独特的酵母让其具有橙子、柠檬等多种水果的香气，三种啤酒花（萨兹、施蒂亚戈尔丁和具有芒果与百香果香气的索菲亚 Saphir）的运用使得平衡度极佳。

　　圣佛洋还生产 4 种名为灰姑娘（grisette）的比利时传统啤酒。据说这种啤酒风格诞生于南部的埃诺省，那里曾经以采矿业为主，矿工们工作在狭窄黑暗的地下。而灰姑娘啤酒就是他们解渴的饮料。这个名字原本指矿石的颜色，还能够代表矿工媳妇们通常穿着的灰色围裙。圣佛洋的灰姑娘啤酒现在是清爽啤酒瓶中二次发酵的类型，而且采用有机原料。灰姑娘金啤获得了 2016 年世界啤酒大赛的三项金奖，目前在国内一些酒吧能够见到。

其他三料（Triple）和四料（Quadrupel）啤酒

　　那些既不是特拉普派修道院，也未拿到修道院风格认证的酒厂其实也可以酿造三料甚至四料啤酒，而且有些颇具特色。

卡斯特（Kasteel）——精品源自传承

　　19 世纪初，在比利时西弗兰德斯省的一个小村庄沃肯（Werken），村长阿曼德斯·范·洪瑟布鲁克（Amandus Van Honsebrouck）自家的农场里出产的奶酪、啤酒和烈酒在当地小有知名度。村长去世后，他的儿子和儿媳妇继承了家业，但儿媳妇与婆婆水火不容，于是小两口离家自己创业。这位儿媳妇聪明能干，不仅照看着 5 个孩子，而且酿酒厂的事情也由她来打理。在她的努力下，酒厂的生意蒸蒸日上。

　　虽然5个孩子都长大成人，但大儿子厄内斯特（Ernest）终生未娶，而小儿子保罗（Paul）身体不好，于是在1950年，保罗的儿子卢克·范·洪瑟布鲁克（Luc Van Honsebrouck）继承家业。卢克与今天的富二代不同，他不仅去学习了酿造技术，而且在德国酒厂内当学徒，练就了一身本领。同时，他也是一位很有生意头脑的人，"二战"后大型啤酒企业茁壮成长，低价拉格迅速充斥市场。他聪明地避免了与这些国际巨头的正面竞争，而是坚持走精品啤酒的发展道路。并且他敏锐地发现了啤酒与足球的密切关系，赞助了本省球队布鲁日队。巧的是联赛中的头号对手——来自于首都的安德莱赫特队的主赞助商也是一家啤酒厂，而且同样生产混酿兰比克啤酒（Gueuze）。于是，球场内外各种话题成为媒体的焦点，哪个队更强、哪款酒更好的论战从球场延伸到餐馆甚至街头巷尾，卢克酒厂的知名度也迅速提升。1986年，卢克买下了当地的一座城堡，打造了卡斯特啤酒。2009年，79岁的卢克终于功成身退，将酒厂交给儿子哈维（Xavier）打理。

　　在比利时，我们能看到很多这种家族式的酿酒厂，这些没有国际资本介入的中小酒厂保持了比利时酿酒传统的精髓。为了保护这些家族酒厂，比利时酿酒协会给185款啤酒颁发了认证，认证徽标由比利时国旗的黑黄红三色组成，我们本章介绍的很多啤酒都具有这一认证。

现在哈维掌管的品牌多达 7 个，除了卡斯特外，还有我们比较熟悉的匪徒（Brigand）啤酒，卢克时代的水果及混酿兰比克仍然生产，以圣路易斯（St Louis）的品牌推出。当然，卡斯特是旗舰，现在包括了单料的金啤（Blond）、深色的双料（Donker）、突出酒花的 Hoppy、浓郁的三料（Triple）、樱桃啤酒（Gouge）、窖藏啤酒（Cuvee Du Chateau）和巧克力四料（Barista）。其中三料与传统修道院的三料不同，它更加符合国际潮流，强化了啤酒花香气。浓郁的丁香花、各种成熟水果的香气更加突出，而用于平衡的苦并没有美式 IPA 那么浓重，让人可以接受。哈维自信地认为，这款三料超过了所有传统三料。

巧克力四料更让人惊艳，它完美地将啤酒、咖啡和巧克力的风味融合在一起，入口时升腾起的焦糖、可可豆、烤坚果和麦芽香浓郁持久，酒体浑厚饱满，是不可多得的佳品。

卡美里特三料啤酒（Tripel Karmeliet）—— 三种谷物的魅力

卡美里特并非属于认证的修道院风格啤酒，但其出色的品质也得到广泛认可。在 17 世纪初，比利时东法兰德斯省的一个小镇丹德蒙特（Dendermonte）有一家叫作卡美里特的修

道院。修道院酿造的啤酒与众不同，他们同时使用三种谷物（前面介绍了，并非使用三种谷物或投入三倍的原料就是三料啤酒，实际上三料代表的是更加烈性），酿造出的啤酒味道层次复杂多样但又非常清爽宜人。因为战乱，修道院被迫关门，直到1997年，这家修道院旧址附近的波斯迪尔斯（Bosteels）啤酒厂希望复刻这种啤酒，于是在镇上挖地三尺，终于找到了400年前教士们的原始配方，并以卡美里特来命名。

这款啤酒采用大麦麦芽、小麦麦芽和燕麦三种谷物制作，搭配施蒂亚戈尔丁（Styrian Golding）酒花进行平衡。倒入杯中时有那么一刻，你会觉得它是皮尔森，但很快一股皮尔森不具备的诱人香气从泡沫上升起，能感觉到青苹果的宜人气味和花香。入口时可以感受到独特的花香，回味中酒花苦味进行了适当的平衡。燕麦为它带来了顺滑的口感，小麦为它带来了丁香的气息。

赛森啤酒（Saison）——消暑解渴的高水准酸啤

善于描绘乡村场景的荷兰画家阿德里安·范·奥斯塔德（Adriaen van Ostade）的很多画作中都有农夫饮用棕色赛森的场景。

除了修道院的修士和众多的家族酒厂，比利时乡间的农场也在为这个国家的啤酒多样性做出贡献，这就是赛森啤酒。它来自比利时南部的法语地区，Saison 是法文中季节的意思。比利时北部地区以贸易和工业为主，而南部地区在历史上更加偏重农业和采矿业。辛勤的农夫们对于啤酒的热爱一点不亚于北方说荷兰语的地区，各农场会在农闲的冬季酿造啤酒，这样在第二年农忙的春夏时节就可以吸引到足够的人手，这些啤酒就可以在田间劳作休息时提供给农民饮用，帮助缓解疲劳放松身体。因此，这种啤酒也被称为夏季啤酒（冬季酿造夏季饮用）。其酒精浓度并不高，初期只有 3.5% 左右，颜色金黄，清爽解渴又滋味十足。20 世纪初，在农场劳动的农夫每天能够得到多达 5 升的赛森啤酒。甚至在法国北部种植葡萄的农民在夏季也饮用赛森啤酒，一个民间的幽默段子是：为了酿造优质葡萄酒而消耗掉最多的原料就是啤酒。

　　这就好比 80 年代，中国家庭在入冬时自家制作的瓶装西红柿，不同家庭所用的器皿、原料和手法都有差异。赛森啤酒同样不是一种严格规范的啤酒风格，每个农场都有自己因地制宜获得的材料，如果大麦剩余不多就用上小麦或燕麦，甚至荞麦和蚕豆也被添加进去、如果啤酒花价格上涨就用香料（如香菜籽和姜）替代，酵母也没有严格的规范，野生酵母和乳酸菌都可以，甚至会加入草药和水果（如浆果和橙子）。可以说赛森最能体现普通比利时劳动者对于啤酒的热爱。

具有比利时乡土气息，又异常多变的赛森一度接近消失，随着精酿运动的流行而得到挽救。其中比利时杜邦酒厂复刻的赛森最为知名（与美国杜邦无关），2005年，该款啤酒被美国《男士期刊》（Men's Journal）评选为世界最佳啤酒。杜邦赛森有着漂亮的橙色酒体，稍微有些浑浊，闻起来有着青草的香气和果香。入口果酸明显又不失麦芽的甜香，清新怡人。回味中才有啤酒花的苦味来平衡。

国内超市容易见到的赛森啤酒是圣佛洋赛森（St. Feuillien Saison），这是一款针对美国市场于2009年推出的啤酒，它具有比利时地方特色并且更加突出啤酒花，因此受到美国人的欢迎。由于在美国供不应求，圣佛洋甚至被迫推迟了在比利时本国的上市时间。

兰比克（Lambic）——自然的神奇力量

除了在喝小麦啤酒时，杯底残留的酵母外，大部分啤酒都不会让我们切身感受到酵母的存在。然而，它的确是整个啤酒生产过程中最神奇的一环。在工业化的今天，啤酒酵母这种单细胞生物已经被生产商充分研究，完全驯化。工业啤酒酵母能够高效地繁殖，产生出品质稳定的产品。然而就在这种大环境中，一种反工业化的复古浪潮扑面而来，这就是使用空气中野生酵母酿造的兰比克。

你一定见过家里老人用老面做的馒头吧，比起发酵粉，老面做出的馒头更加筋道有嚼劲，而且面香更加浓郁。老面就是利用空气中漂浮的酵母制作的，在原理上与兰比克相同。酿酒师会使用大麦麦芽和未发芽的小麦（而且比例很高，法律规定是 30% 以上，很多酒厂都会达到 60%，因此麦汁中会含有大量的蛋白质）为原料制作麦汁，然后将其暴露在空气中冷却一整晚，让空气中的酵母与其充分接触。这是一个神奇的、充满了不确定性的过程。首先，这种独特的野生酵母被称为酒香酵母，一般附着在水果的表皮内侧。在于比利时首都布鲁塞尔西南的琴纳河谷（Zenne valley）地区，大片的果园为这种酵母提供了良好的生存环境。说个题外话，比利时红啤梨现在国内已经比较常见，它绵软多汁，芳香四溢，是夏末绝佳的水果之一。

其次，酒厂的小环境也要适合这些野生酵母落脚，怎么才算适合呢？那些打扫干净一尘不染的厂房是不行的，很多最正宗的兰比克啤酒厂都是上百年没有重新装修，十几年没有打扫。古老的墙面、破碎的地砖和木桶旁悬挂的蜘蛛网都可能成为野生酵母的落脚点。酒厂老板不敢对其作出任何改变。当然，对于林德曼（Lindemans）这种现代化的大厂来说，扩大厂房是必然的，即便如此他们也会将原来厂房里的墙面、地板进行平移搬迁，让野生酵母能找到回家的路。

当然，在这一晚麦汁与空气的接触中，有益的野生酵母落在了麦汁中，通过长时间的发酵产生酒精和二氧化碳。但是有害的细菌也会在麦汁中安家落户，这就需要啤酒花这个杀菌高手来出面解决问题。与其他类型啤酒不同的是，兰比克不需要新鲜的啤酒花，因为苦味与最终兰比克的核心魅力——酸味会格格不入。所以，都采用 3 年以上的陈年啤酒花，让它只起到防腐作用，而没有任何苦味留存。

兰比克当然离不开木桶发酵，而且还要用二手木桶，通常使用波特酒（产自葡萄牙的酒精度更高的甜葡萄酒）和雪莉酒（产自西班牙南部的酒精度更高的白葡萄酒）的旧橡木桶。在少则几个月多则几年的熟成过程中，除了野生酵母不停地发酵外，木桶中的微生物也在发挥作用，包括木桶本身的味道会渗入啤酒当中，这样造就了兰比克独特而层次丰富的口感。

176 第 4 章 微醺经典之旅——比利时啤酒

但这种传统工艺无法保证产出品质和口味稳定的啤酒，不仅各批次间差别较大，即使同一批次不同的木桶之间也有差异。

这种酒香酵母其实并非兰比克的专利，在酿造葡萄酒的过程中它让人又爱又恨。它可以让葡萄酒产生异味，比如臭袜子味、马骚味或是石膏和金属味，但同时也会给葡萄酒带来怡人的芳香，比如薰衣草、烤肉或松木的香气等。酒香酵母更重要的特性是在有氧的条件下，能够产生大量醋酸，可以为陈年葡萄酒带来活跃的味觉体验。同样，它为兰比克啤酒带来的最显著特征就是酸味。这是一种复合型的层次丰富的酸，不同的强烈程度，不同的发酵时间，会让你的舌头、腮帮子甚至面颊都感受到酸胀的刺激。这其中不仅有醋酸，还包含了木桶发酵时产生的乳酸、柠檬酸、苹果酸等。从口味上说，纯粹兰比克是更加接近香槟的啤酒。可见，这种纯粹的兰比克已经脱离了普通大众印象中的啤酒，就好比北京的豆汁一样，往往都是老食客才能欣赏。当然，想喝到它也不容易，在布鲁塞尔以外的地区很难买到。

除了比利时兰比克，芬兰也保留了古法制作的啤酒风格，这就是萨赫蒂 (Sahti) 啤酒。据说已经有 1500 年的历史，酿酒师首先在木桶中将研磨后的谷物用热水浸泡，然后在一根中空的树干中铺满新鲜的松针作为过滤层。这种过滤方式使得啤酒异常浑浊，但带有浓郁的松香。野生酵母同样为萨赫蒂啤酒带来强烈的酸味。

我们在国内可以见到的兰比克包括三种：水果兰比克、混酿兰比克和法柔。

水果兰比克 (Fruit Lambic)

纯兰比克的酸味与水果的甜味和芳香是完美的组合。几百年来，水果兰比克一直是比利时家庭手工酿制的佳品。这种啤酒以纯兰比克为基底，加入各种水果及果汁。但是新加入果汁中的糖分又给野生酵母提供了食物，促进其不断繁殖，同时产生酒精和二氧化碳。在装瓶后，还会进行第三次发酵，从而形成丰富的味道。

不同的水果兰比克也有不同的名称。最经典的水果是樱桃，叫作 Kriek。其次是加入覆盆子（也称为山莓）的品种，叫作 Framboise，其味道更酸。还有加入桃子的称为 Pecreresse，加入蓝莓的称为 Cassis，加入苹果的就是本名 Apple。

即使加入了水果，也不要认为水果兰比克就变成了大众喜欢的酸甜饮料。野生酵母几乎能够消耗掉水果中所有的糖，产生更多的醋酸，所以口感依然强烈刺激。如果想让更多人接受，把酸度降低甜度增加，那么就要单独加糖。在这个问题上，兰比克啤酒厂商分成了两大阵营。以康迪翁（Cantillon）为代表的传统酒厂拒绝妥协，他们的水果兰比克酸味强烈，但其中蕴含了更加多样和丰富的味道。而以林德曼为代表的现代酒厂则会将兰比克风味与大众口味进行融合，制造出更易让人接受的品种。

混酿兰比克（Gueuze）和法柔（Faro）

混酿兰比克是最接近香槟的品种。相传，拿破仑的军队占领布鲁塞尔后，喜爱香槟的法国士兵在街头丢弃了大量的玻璃酒瓶。而当时的啤酒还都是用木桶存放运输的。布鲁塞尔贵兹街（Gueuze）的一个兰比克酒厂老板收集了很多空香槟瓶子，然后将发酵 1 年，酸味强烈的兰比克与发酵 3 年以上、水果香气更加浓郁的兰比克混合装瓶，再加入一些糖给酵母提供能量。用软木塞封口后，在酒窖里存放 6 个月左右，这期间酵母通过额外的糖分和新酒里残存的糖分继续发酵，产生大量二氧化碳。等这种玻璃瓶装啤酒打开时就会像香槟一样涌出大量泡沫，立即受到法国人的欢迎。从此这种酒也以贵兹来命名。

　　不仅是现今的大众难以接受纯兰比克，过去的欧洲宫廷也难以接受。他们更需要一种酸甜平衡，苦度低，泡沫少（喝完立刻打嗝多少有失皇家庄严），且能够与餐后甜点完美搭档的啤酒。这就是兰比克的另一个分支——法柔。它以发酵了一整个夏天的新兰比克与陈年兰比克混合，然后添加黑糖（黑糖是最初级的蔗糖，营养元素的含量最高）进行二次发酵而成。

第 5 章

微醺酒花之旅
——美式啤酒

　　传统的啤酒被新大陆上的美国人演绎得无比绚烂，在更芬芳、更强烈的味觉体验中，啤酒与时代贴得更加紧密，而不是停留于古堡和修道院的围墙里。从美式啤酒风格可以感受到激情和创造力。打破常规，无拘无束成为很多美国酿酒师的座右铭。

　　世界上没有任何一个行业能够像美国精酿运动一样，凭借着简单的设备、单薄的资金、少量的人手就撼动了那些行业巨无霸。反倒是啤酒巨人低头弯腰，向精酿学习。美国精酿运动更是从欧洲传统啤酒风格中挖掘并创新，使得那些即将失传的风格得以保留甚至发扬。在美式啤酒花的精彩演绎下，任何传统啤酒风格都有了一款时尚的新装。

蒸汽啤酒（Steam Beer）

美国的历史较短，因此啤酒起步大部分风格都借鉴于欧洲，然后通过精酿运动而发扬和创新。美国人从德国借鉴了博克和小麦啤酒；从英国借鉴了 IPA 和淡色艾尔；从比利时借鉴了酸啤等。可以说，在品种繁多的美国精酿啤酒中，你总能找到其在欧洲大陆的"祖先"。然而，有一种啤酒风格却是地道的美国本土特产，这就是暴晒于加州炙热阳光下的拉格，即蒸汽啤酒。

历史上，酿造啤酒总要受到某种条件的限制。在没有火车的年代，只能用周边地区生产的大麦和啤酒花作为原料，限制了啤酒风格；在酿酒师不能控制水的软硬时，无法做出淡色啤酒；在没有制冷设备时，炎热地区无法生产低温发酵的拉格啤酒。自 1848 年，加州发现金矿后，大批移民涌入，形成了巨大的啤酒需求。聪明的美国酿酒商想出了一种办法应对炎热的气候。他们发现，虽然加州白天炎热，但夜晚较为凉快，昼夜温差很大。只要能够充分利用夜晚的低温时段，将煮沸的麦汁快速冷却就能够满足拉格酵母最基本的低温发酵要求。于是，他们在屋顶上安装了面积大但很浅的发酵槽，用管道将麦汁输送到这里，在夜晚实现快速冷却。冷却过程中，来自太平洋的湿冷空气与高温的发酵槽相遇，在酒厂屋顶上形成了明显的水蒸气，蒸汽啤酒因此得名。

当时，有多达 27 家酒厂生产蒸汽啤酒，从品质上说，由于温度控制得不够低，所以本来应该味道纯净的拉格混了艾尔的果香。如果放在今天，绝对是不合格产品，但在当时的条件下，却是酿酒师发挥聪明才智克服困难的成果。这种廉价的饮料迅速得到淘金者的喜爱，成为当时美国西部最知名的啤酒风格。

铁锚蒸汽啤酒（Anchor Steam beer）——美式传统的继承人

在美国精酿运动的发展历程中，位于旧金山的铁锚酒厂具有重要地位。与加利福尼亚众多的啤酒厂一样，1849 年由一位德国移民建立。1906 年，旧金山大地震并引发火灾，死亡数千人，近一半的城市居民无家可归，酒厂也被大火吞噬。虽然后来重建，但 1920 年美国禁酒令让酒厂彻底关门。1933 年禁酒令结束后，酒厂恢复生产，他们的产品中就包括传统的蒸汽啤酒。随后的几十年酒厂经历了起起落落，但到了 1965 年酒厂几乎走到了关门的地步。就在此时，一位年轻的斯坦福大学毕业生弗里茨·梅塔格（Fritz Maytag）发现他自己最爱的蒸汽啤酒就要消失时，决定买下这家酒厂，挽救这种美国本土风格的啤酒。

弗里茨·梅塔格接手生意后，不仅保持了蒸汽啤酒的生产而且实现了瓶装销售。他还将 Steam 蒸汽啤酒注册为商标，从此这个名称只能用于该厂的产品。而其他酒厂所产的蒸汽啤酒都改名为加州大众啤酒（California Common）。此时的美国啤酒市场被工业拉格充斥，这些啤酒虽然价格低廉，但品质较低，美国人正在呼唤一批真正的好啤酒出现。弗里茨·梅塔格敏锐地发现了这一趋势，随后他酿造了大名鼎鼎的自由艾尔（Liberty Ale），以及铁锚波特、老雾角（Old Foghorn）和大麦酒等新产品，并在每年圣诞节推出圣诞艾尔，让整个啤酒市场眼前一亮，一场精酿革命就这样在旧金山开始，并最终席卷整个美国甚至全世界。

多年来，蒸汽啤酒一直是铁锚的招牌。它呈现出古铜色，泡沫较厚但消失比较快，带有焦糖和烤麦芽香气，也有淡淡的青草味道。入口时以焦糖甜味开始，混合了葡萄干、李子、苹果的味道，结尾时啤酒花的苦味出现，非常平衡。整体来说是一款经得起时间考验的啤酒，经典而耐人寻味。与每年突然火热又很快消失的时髦啤酒有着本质差别。

美式淡色艾尔（American Pale Ale）

总有那么一些东西能够引领一个流行时代的开始，就像 20 世纪 70 年代流行的"的确良"和喇叭裤。80 年代，美国精酿啤酒运动刚开始时，正是美式淡色艾尔打破了无趣的工业拉格的垄断，激活了美国人的酿酒创造力。可以说，美式淡色艾尔也是最能够代表美式啤酒的标志性风格，为后来美式 IPA 的流行奠定了基础。

美式淡色艾尔源于对英式淡色艾尔的模仿，但啤酒毕竟是一种源自于土地的农产品。美国的自然环境与欧洲完全不同，从大麦、水到啤酒花都有自己的特色。别看啤酒的原料没几样，可不同国家的侧重点还各有不同。德国人更重视麦芽；比利时人更重视酵母；到了美国，自产大麦的品质不如欧洲，缺少那种浓郁的麦香，口味单调，即使相同配方也无法达到英式淡色艾尔的味道。于是，他们的关注点放在了啤酒花上，正好美国独特的自然环境造就了一系列神奇的啤酒花，其中卡斯卡特（Cascade）就是杰出的代表，正是它造就了美式淡色艾尔。

卡斯卡特由美国俄勒冈大学育种开发，1956 年就开始培育，经过近 20 年的努力，通过将具有青草和薄荷味的英国富格尔（Fuggle）与一种神秘的俄罗斯啤酒花杂交而成。1976 年才开始真正的商业应用。卡斯卡特具有浓郁的柑橘和西柚香气，一定的辛辣味道。它赋予了美式淡色艾尔柑橘和花香，让精酿时代最终来临。

虽然美式淡色艾尔开创了重视酒花的风格，但总体来说这一风格仍然是麦芽香气与酒花香气平衡的类型。

铁锚自由艾尔啤酒（Anchor Liberty Ale）——精酿运动的第一声号角

如果说铁锚坚持的蒸汽啤酒保留了美国为数不多的传统风格，那么自由艾尔则吹响了精酿运动的号角，自由艾尔也是对美国精神最好的诠释。1975 年，铁锚酒厂决定在独立日推出一款与众不同的啤酒来庆祝《独立宣言》发表 200 周年。为了让这款啤酒的品质对得起自由艾尔这个名字，老板弗里茨·梅塔格亲自到英国进行考察，伦敦肯定是要去的，另外还去了森美尔所在的约克郡和巴斯所在的伯顿镇。深入研究了英国淡色艾尔后，他胸有成竹。回到美国后他使用本土原料进行酿造，并对配方进行了改进。他改变了工艺流程，在熟成的阶段再次投入当时还并不常见的卡斯卡特啤酒花，而且是整颗的新鲜酒花，从而更加强化酒花的香气，保留住了其中容易挥发的精油。这种冷泡工艺也被后来的美式精酿酒厂纷纷采用。就这样自由艾尔诞生了。

　　自由艾尔呈现出稍浅的橙色，泡沫散发出柑橘香和松香，仔细闻还会感受到一丝薄荷的清凉气息。入口时会感到没有传统艾尔那么多的果香，而是在柑橘风格的酒花香味下依然能够品尝出麦芽甜与酒花苦的平衡。铁锚自由艾尔奠定了美式精酿的基调，随后众多酒厂纷纷跟随着它的脚步，走上了让啤酒花香气更加浓郁的大道。与那些更加激进的后辈相比，自由艾尔相对柔和，与英式啤酒更加接近。

内华达山脉淡色艾尔（Sierra Nevada Pale Ale）——美式 IPA 的标杆

　　说起美国精酿运动的领头人，还少不了内华达山脉酒厂。这次的主角是肯·格罗斯曼（Ken Grossman），一位具有商业头脑又对啤酒具有激情的美国人。早在自由艾尔首发之前，肯·格罗斯曼就是一个家庭酿酒的发烧友。有人说美国精酿繁荣的基础就是家庭酿酒，这就好像中国乒乓球世界无敌源于庞大的爱好者群体一样。肯·格罗斯曼那时一次也就酿造 20 升啤酒，然后邀请朋友到家里品尝，他非常自豪地介绍着自己的酿酒经验。朋友不仅觉得他的啤酒很好喝，而且都劝他开个店与更多的人分享。于是在 1976 年，肯·格罗斯曼真的开了一家小型的店面，只销售自酿的啤酒。其实这在当今的美国并不稀奇，只不过他做得比较早而已。

　　当时他给自己定的目标非常简单，那就是酿造啤酒爱好者想喝的啤酒。如此简单的目标让他毫无包袱地走上了精酿之路。随着他的酿造技艺逐渐精湛，小店生意开始兴隆。1979 年，他决定建立一家小型啤酒厂，并给酒厂取名为内华达山脉。这个具有当地特点的名字也让他很快打开了本地市场。

肯·格罗斯曼在创业之初就非常明确地将自己的啤酒定位为酒花优先型，但在当时啤酒花种植业远没有今天这么繁荣，他开车跑遍了种植基地，终于获得了高品质的整花。后来，在一次采访中，记者问他的酿造秘诀是什么？他的回答就是用整颗啤酒花，而不用酒花颗粒以及酒花浸膏。只有整花才能让啤酒具有最出色的香气和味道。不得不说，现在很多德国知名啤酒都采用酒花浸膏，可见美国精酿运动能席卷全球，以中小酒厂的实力撼动国际啤酒集团不是没有道理的。

酒厂建成后，虽然肯·格罗斯曼以世涛进行设备测试，但他很清楚要想打开市场就要用美式淡色艾尔才行。颇具冒险精神的他将所有创业资金都用在了这款淡色艾尔的试制上，终于在 10 个批次的产品后，他找到了味道的完美平衡，这就是庆典艾尔啤酒（Celebration Ale）。与铁锚颇为相似的是，肯·格罗斯曼也十分偏爱卡斯卡特酒花，为它那迷人的香气所倾倒，这也成为庆典艾尔的特色。他的冒险获得了回报，酒花型淡色艾尔征服了美国人，它的酒厂也获得了巨大成功。多年来一直位于全美精酿酒厂的第二位（仅次于塞缪尔·亚当斯）。

内华达山脉淡色艾尔是整个行业的标杆性啤酒，它具有美丽的琥珀色，柔和的柑橘与花香。入口时焦糖麦芽的香甜在前，酒花的柑橘与松香随后，适度的苦味进行完美收尾。与自由艾尔不同的是，这款啤酒中卡斯卡特只作为冷泡使用，而在糖化后的滚沸阶段使用了 α-酸含量较高的马格努门（Magnum）和同样具有柑橘与松香气味的佩勒（Perle）。

美式棕色艾尔（American Brown Ale）

美式棕色艾尔从淡色艾尔发展过来，原料中添加了更多的深色麦芽。与英式棕色艾尔相同，美式棕色艾尔现今也是甜味啤酒的代表，二者都是在柔和艾尔（发酵时间短，只有部分糖转化成了酒精，依然有很多残留，口味偏甜，且酒花少）这面大旗下。但美式棕色艾尔更加突出酒花特色，口味更多偏向咖啡、焦糖和坚果味。

布鲁克林棕色艾尔（Brooklyn Brown Ale）
——源自破产姐妹的故乡

　　与西海岸一样，美国东海岸的人对于啤酒具有同样的热情。位于纽约的布鲁克林酒厂也诞生于一位家庭酿酒爱好者之手，只不过他的故事有些传奇。史蒂夫·辛迪（Steve Hindy）是一位专门报道中东地区新闻的美联社记者，1979年开始，他连续五年都在中东地区工作。他看到了残酷的战争与阴险的暗杀。一次他在贝鲁特居住的宾馆被炮弹击中，弹片飞进了他的房间，他与死神擦肩而过。经历过此事后，他决定回到美国。

　　中东大部分地区都不销售含酒精饮料，所以在这里工作的美国人很多都是家酿高手。史蒂夫·辛迪在美国驻沙特大使馆就结识了很多这样的朋友，在他们的带动下史蒂夫也掌握了基本的酿酒技术。回到美国后，他虽然继续着自己记者的职业，但对于啤酒的热爱却日益高涨。除了在家酿酒外，他还与楼下的一个邻居——银行职员汤姆·波特（Tom Potter）成为了志同道合的好友。不久之后，二人决定合作建立一家精酿酒厂。

他们建立的布鲁克林酒厂位于纽约，与曼哈顿下城隔河相望。看过美国情景剧《破产姐妹》的都知道威廉斯堡（Williamsburg），与曼哈顿的高楼大厦不同，这里的建筑低矮而陈旧，少了大都市的繁华却吸引了很多艺术家和歌手前来。威廉斯堡的街头遍布个性十足的咖啡厅、酒吧和服装店，这样的环境对于一个精酿酒厂来说再合适不过了。

酒厂建立之初，史蒂夫和汤姆希望能够有一个令人印象深刻的酒标，于是他们找到了著名的平面设计师米尔顿·格拉瑟（Milton Glaser），他设计的"I Love NY"为人熟知。二人的故事和创业精神打动了米尔顿，他决定亲自出手为酒厂的每一款产品进行设计，但条件是要保证他的办公室里每天都有新鲜的啤酒。米尔顿一开始围绕 Brooklyn 整个单词进行设计，随后将重点集中在字母 B 上，最终的设计既能让人识别又具有动态和象形的感觉，再结合欧洲传统的徽章样式，最终打造出了让人过目不忘的酒标。

与其他精酿酒厂不同的是，布鲁克林酒厂一开始以拉格啤酒打天下。这与美国东部的饮酒传统有关，在 19 世纪中期，与欧洲联系更加紧密的东海岸以琥珀色的维也纳拉格为主。史蒂夫和汤姆在传统的苦甜平衡基础上，使用酒花冷泡技术融入了美国本土特色，从而打造出了全新的拉格啤酒。

布鲁克林棕色艾尔则是该酒厂获奖无数的知名酒款，最早只是季节性啤酒，而非全年生产。它融合了英格兰北部棕色艾尔的劲道与南部棕色艾尔的柔和甜美，再加上美国啤酒花的特性，使用了多达六种麦芽来强化其口味特征和色泽。这款啤酒具有的烤麦芽甜香、水果香味无与伦比，巧克力与咖啡的细微体现让风味更加立体化，柔滑浓郁的口感令人赞叹。

美式小麦艾尔（American Wheat Ale）

如果你爱好啤酒，那么真的可以按照本书的顺序，先从德国开始，然后从英国再到比利时，等喝到了美国风格时，就等于又把前面的复习了一遍。美国人不仅用本土材料重新打造了英式淡色艾尔，还将巴伐利亚人喜爱的小麦啤酒进行了本土化，这就是美式小麦艾尔。同样包含了淡色版本和深色版本两种。

虽然从颜色上看美式小麦啤酒与德国小麦啤酒非常一致，且泡沫持久。但由于酵母不同，且发酵更加彻底，美式小麦啤酒大幅度降低了那种成熟香蕉和丁香的气味。将风格的方向同样拉到啤酒花上，让整体苦味上升，突出美式酒花的柑橘味、西柚味和松香味。

鹅岛312城市小麦（Goose Island 312 Urban Wheat Ale）——来自奥巴马的礼物

任何行业要想进步最重要的是眼界，美国啤酒的发展来自于不满足于工业拉格的庞大消费群体，而大众之所以不满意是因为"二战"时众多美国士兵在欧洲喝到了高品质的啤酒。1980年，一位集装箱行业的普通公司职员约翰·霍尔（John Hall）将这一幕进行了微缩重演。由于工作需要经常出差到欧洲各地，热爱啤酒的他每到一地都会去当地酒吧喝上一杯，在感叹欧洲人酿酒水平和众多风格的同时，也在感叹自己的家乡没有如此出色的啤酒，而且品种的选择余地也少得可怜。感叹归感叹，霍尔仍然日复一日地继续他的工作，直到有一天一篇杂志文章改变了一切。

1986年，出差途中的霍尔在达拉斯市被恶劣的天气困在机场，就像我们一样，他随手翻看机场的商业杂志，一篇文章吸引了他的注意力。这篇文章分析了美国啤酒市场，并指出今后将是中小规模酒厂和精酿啤酒的天下。霍尔受到启发，从此改变了自己的职业生涯。他觉得能将爱好与工作合二为一是人生的最大快乐。经过两年的思考、调研和准备，鹅岛在芝加哥建立。与众不同的是，鹅岛并非传统意义上的酒厂，而是前店后厂的精酿酒吧。在酒吧中客人不仅能够喝酒，还能够参观所有的酿酒环节，甚至亲自参与其中。很快鹅岛便在芝加哥名声大噪，随后霍尔开了更大的酒吧并建立了工厂，将啤酒卖到了全美，成为美国精酿运动的重要领袖。

2010 年，西方二十国集团多伦多峰会上，英国首相卡梅伦就赠送给奥巴马 12 瓶维奇伍德魔法精灵，而奥巴马回赠的则是鹅岛 312 城市小麦啤酒，312 是芝加哥的电话区号。这款啤酒依然具有相对清澈的淡黄色泽，一切看起来似乎与巴伐利亚小麦相同，但一旦你喝下去就会发现，成熟香蕉和丁香的味道被美式卡斯卡特酒花的柑橘味所替代，保留的只有小麦带来的顺滑口感。

鹅岛生产的啤酒达到数十款之多，最受追捧的当属波本桶世涛，它创造性地使用了威士

忌木桶进行熟成，引发了美式精酿圈的一个浪潮。除此以外，老式艾尔系列（Vintage Ales）也很有特色。其中苏菲（Sofie）赛森风格啤酒以约翰·霍尔的孙女而命名，让我们看到了这位老人的内心。这款酒的 20% 采用白葡萄酒桶进行陈酿，并加入了手工剥开的橙皮，香气十分接近霞多丽白葡萄酒，非常迷人。入口时清新的柠檬香味清新怡人，十分开胃。充足的泡沫仿佛香槟一般刺激着口腔。随后酸味与麦芽甜交织在一起，收口时有一丝香草奶油的回味，所有味道都表达得精致细腻。虽然以小女孩的名字命名，酒标设计也很女性化，但这款酒劲道十足，甚至超过很多比利时修道院三料。

美式烈性艾尔（American Strong Ale）

严格来说，美式烈性艾尔并不是一种啤酒风格，而是一个涵盖内容非常广的领域。其特点是酒精度高，从 7% 开始甚至能够达到 25%。有些品种偏重麦芽，有些则会偏重啤酒花。其味道异常浓烈，入口时会让你的味觉系统感到震惊。其复杂的味道既包含了美国啤酒花特有的柑橘和松香，也包含了麦芽带来的焦糖和烤面包香气，由于酒精度数高，饮用时你也会感到它的存在。

塞缪尔·亚当斯乌托邦（Samuel Adams Utopias）——啤酒中的珍品

在德国啤酒一章中介绍的塞缪尔·亚当斯波士顿拉格在国内相对容易找到，而这款乌托邦则是罕见的稀有款，它也从侧面展现了波士顿啤酒公司在美国精酿界的地位。2013 年，波士顿啤酒公司净资产评估超过 1 亿美元，在美国所有精酿公司中第一个实现这一目标。那么这家酒厂背后有什么样的故事呢？

1984 年，吉姆·科赫（Jim Koch）从哈佛大学毕业，在继续攻读 MBA 的同时已经拥有了一份管理咨询公司的完美工作。光明的人生大道仿佛一切都以铺平，但他心中对于啤酒的热爱和激情改变了这些。出身于酿酒世家的吉姆·科赫用曾祖父的配方，在自家的厨房里复刻了波士顿拉格，获得了朋友的一致好评。吉姆不仅善于酿酒，而且更具市场眼光，他发现超市中的啤酒虽然琳琅满目，但并非美国人渴望喝到的类型，这里面蕴藏着巨大的商机。不久之后，他筹借了 24 万美元，建起了酒厂。

以波士顿拉格为主打，仅仅 3 个月后就获得了美国最佳啤酒的称号。吉姆选择了美国政治家塞缪尔·亚当斯作为产品的名称，暗示着勇敢向前的精神。吉姆之所以能够成为行业翘楚，与他的思路密切相关。从创业开始，他就没有把自己困在精酿小厂的圈子内，而是着眼于更广阔的市场。通过打开超市和酒吧的销售渠道，他很快在美国东部站住了脚。而后在西部收购酒厂，扩大辐射面积，这使得公司的规模迅速做大。

当然，吉姆也没有让公司退变成工业酒厂，这款乌托邦烈性艾尔就是最好的证明。乌托邦的酒瓶造型独特，与酒厂中的糖化罐如出一辙，推开窗口还能够看到塞缪尔·亚当斯的照片。其酒精含量高达 28%，但并没有采用冰蒸馏技术来处理，而是实打实地依靠时间的沉淀和出色的酿酒技术实现的。顶级的特色产品自然要有与众不同的销售策略，这款啤酒每两年才会发售一次，售价高达 200 美元，在爱好者中赚足了眼球。

罗格坏家伙 （Rogue Dead Guy Ale）——一段温馨的故事

　　罗格来自于美国西海岸的俄勒冈州，它南面的加州是美国 GDP 最高的州，而北面的华盛顿州也不弱。经济相对落后的俄勒冈州也有一家知名企业——耐克。1988 年，耐克的三个高管在该州最南部的城市阿什兰（Ashland）创建了罗格。一开始罗格也是以前店后厂的精酿酒吧形式出现的，座位只有 60 个，而地下室就是酿酒的地方。随着生意的发展，他们需要在一个新的城市开设酒吧，于是选择了距离波特兰不远的海边城市纽波特（Newport）。创始人之一的杰克·乔伊斯（Jack Joyce）来到纽波特考察，但遇到了罕见的暴风雪，正在街上艰难行走的他遇到了一位心地善良的老太太。看到杰克的窘境，老太太将他请到一家餐厅，并给他点了一碗蛤蜊浓汤。二人一聊才知道，老太太就是当地海鲜连锁餐厅的老板，而她的梦想就是住在一家酒吧的上面，这样不仅不会孤单而且有最新鲜的啤酒喝。而且老太太刚好也有一栋这样的房产。就这样，罗格的第二家酒吧就开在了老太太的楼下。

老太太以近乎免费的价格将房子租给杰克，条件只有两个。第一是要回馈当地社区中辛勤的渔民，第二就是要在酒吧里永远挂着老太太的照片。老太太还亲自传授给杰克如何经营社区餐厅，甚至看到酒吧给城里渔民带来快乐和满足时立下遗嘱，在去世后将房子送给了杰克。2011 年，老太太去世，杰克在每年母亲节都会用她的名字推出一款限量版酵母小麦啤酒，以她的形象作为酒标进行纪念。一段温情的故事说明其实罗格是个好家伙。

现在，罗格生产 60 多款啤酒，而这款罗格坏家伙颇具代表性。它的风格接近德国的三月博克啤酒，呈现出红棕色，而且口味浓重。使用了独特的 Pacman 艾尔酵母（一种酒精耐受性强，产生不良气味较少的酵母）进行拉格式的下发酵酿造，入口时虽然只有微弱的麦芽香，但随后焦糖的甜香逐渐加重，口感越来越黏稠。回味中以酒花的纯净苦味进行平衡，让人不觉得过分甜腻。

美式 IPA（American IPA）

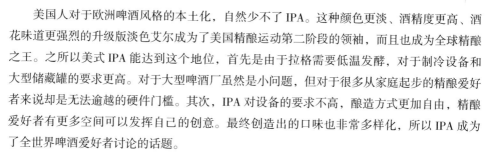

美国人对于欧洲啤酒风格的本土化，自然少不了 IPA。这种颜色更淡、酒精度更高、酒花味道更强烈的升级版淡色艾尔成为了美国精酿运动第二阶段的领袖，而且也成为全球精酿之王。之所以美式 IPA 能达到这个地位，首先是由于拉格需要低温发酵，对于制冷设备和大型储藏罐的要求更高。对于大型啤酒厂虽然是小问题，但对于很多从家庭起步的精酿爱好者来说却是无法逾越的硬件门槛。其次，IPA 对设备的要求不高，酿造方式更加自由，精酿爱好者有更多空间可以发挥自己的创意。最终创造出的口味也非常多样化，所以 IPA 成为了全世界啤酒爱好者讨论的话题。

其实在美国人复刻 IPA 时，这种风格几乎在老家英国已经消失。不得不承认，美国人有一种天生的骄傲，无论建筑还是汽车，都喜欢炫酷的、夸张的、更大的，口味上也更偏重浓郁和刺激的。IPA 这种原本因为要跨越大洋运输而不得不增加原料、提高酒精度以便延长保质期的啤酒风格，正好符合美国人的喜好。于是，酿酒师投入更多的麦芽、更多的啤酒花，虽然仍保持了甜、香、苦的平衡，但将三者带来的味觉冲击力同时推向更高的层次。毫无疑问，美国本土芳香独特的啤酒花是美式 IPA 成功的关键。从此，啤酒花从一种辅助材料，变成了啤酒的灵魂。

　　为了让啤酒花成为主角，美国人还改进了工艺流程。传统上，啤酒花会放到麦汁中一起煮沸，但在沸腾期间啤酒花的芳香精油大部分会挥发，无法留住浓郁的香气。于是，美国酿酒师将这一过程延后，即使发酵前期，由于大量二氧化碳不断溢出，也会让啤酒花的香气被带走。所以真正投入的时机是在发酵的后期，这样可以将芳香精油更多地留存下来。这就是冷泡法。

　　创新的技术，再加上更多的原料投入，让美式IPA的浓郁程度不断提升。这也是一种心理需求，大家很想尽快逃离寡淡如水的工业拉格。在向更浓郁口味迈进的过程中，诞生了美式双料IPA（Double IPA）。从名称上就能看出，这是口味更重的IPA。这种风格的发起者就是俄罗斯河（Russian River）酒厂推出的Pliny the Elder。另外，双料IPA也被称为帝国IPA（Imperial IPA）。还记得被送给女沙皇凯瑟琳二世的加强型世涛吧，现在帝国这个词也被嫁接到很多啤酒风格名称前，出现帝国二字就代表了酒精度更高更浓郁。

　　人们对于浓郁的追求虽然没有止境，但是味觉是有一定接受极限的。就在酒花香、麦芽甜、苦度和酒精度不断攀升时，已经有很多人无法接受其中的甜腻了。于是，以美国西海岸圣迭戈的石头（Stone）酒厂为代表的一批精酿酒厂，将美式IPA中的甜度大幅度降低，大约只有原来的一半程度。然后让啤酒花的地位更加突出，其香味与苦度得到更好的表现。这就是西海岸 IPA 风格（West Coast IPA）。而这种变革开始前，苦与甜是相对平衡的，比较接近英式 IPA 的风格被称为东海岸 IPA（East Coast IPA）。

美式 IPA 发展至今，已经成为了一个庞大的啤酒风格，包含十余种细分类型，酒款达数百种之多，并且每年细分风格还在不断增加。最新流行的要算浑浊 IPA 了，它具有橙汁一般的外观，鲜亮的橘皮色，完全不透明。比起传统美式 IPA，苦度稍低，但柑橘香气得到强化。

角头鲨 60 分钟 IPA（Dogfish Head 60 minutes IPA）——天马行空的创意

在美国具有一定规模和影响力的精酿酒厂中，位于东海岸的角头鲨是最具创造力的，其创始人山姆·卡拉乔尼（Sam Calagione）精力充沛、年富力强，经常在各类与啤酒相关的电

视节目中出现。从小就叛逆的他，与主流格格不入，酿酒上更是不遵循传统规则。他开创了持续投入酒花的方式，而不是以前的一次性投放或者分几次投放，为此他还专门设计了专用机器。他在啤酒中投放酒花的总量也位居前列，从而让角头鲨啤酒更具个性。

其座右铭是：酿出与众不同的酒给与众不同的人。除了啤酒花，在辅料运用上更是天马行空，无拘无束。包括：南瓜、葡萄干、红糖、红辣椒、杜松子、蜂蜜、藏红花、甘草。在不断尝试新风格的同时，对于那些早已失传的古老啤酒风格，山姆也充满了浓厚的兴趣。他与宾夕法尼亚考古学家合作，根据出土陶片残留的化学成分，复刻了3千年前中美洲洪都拉斯的古老啤酒。辅料中包括了阿兹特克可可粉、可可豆碎块、蜂蜜、辣椒，为了实现阿兹特克和玛雅人对血色的迷恋，还使用了天然的胭脂树橙来强化颜色。这就是"上帝之食"啤酒（Theobroma）。山姆还以同样方法复刻了中国新石器时代的啤酒。出土陶器的位置在河南省，从郑州往南100公里处的贾湖村，这里拥有保存完整的新石器时代遗迹，这里出土的证据显示当时的人类已经能够驯化并饲养动物、栽种农作物、具有雕刻的技艺、能用兽骨制作笛子，更独特的是已经具有酿酒技术。而这种古老啤酒距今已有9000年。这种啤酒的辅料中包含了蜂蜜、山楂和葡萄汁。

当然，角头鲨的立厂之本还是IPA系列，包括60分钟、90分钟和120分钟三款。其中的时间代表了煮沸麦汁过程中用了多长时间进行连续的啤酒花投放。60分钟相当于美式IPA的基本款，苦度为60IBU；而90分钟和120分钟相当于帝国IPA，苦度达到了90IBU和120IBU。如果你无法接受那种回味中持续而强烈的苦，那么60分钟IPA则是比较好的选择。喝美式IPA时，用鼻子闻是重要的环节，否则你会错过这款啤酒的绝妙之处。角头鲨60分钟IPA具有极高的香气，带有柑橘、松香和青草的味道，用鼻子贴近泡沫时仿佛在闻香水。入口时依然是浓郁的柑橘味道，包括柠檬、西柚的香味，同时以较为强劲的苦味作为收尾，令人印象深刻。

火石行者米字旗IPA（Firestone Union Jack IPA）——美英大碰撞

美国和英国之间的啤酒风格既有传承也有不同，如果各自派出一名代表进行论战肯定非常激烈，而这件事真的在一个家庭中发生了。1996年美国精酿爱好者亚当·凡士通（Adam Firestone）的妹妹嫁给了一个英国小伙戴维·沃克尔（David Walker），没想到戴维也是一位英国传统啤酒的拥趸，二人的辩论经常上演。亚当认为美国啤酒自由奔放，戴维认为英国啤酒严谨稳重，谁也无法说服谁。最终他们决定成立一家酒厂，通过实际酿造让大众来进行评判。这就是火石行者酒厂，这个听起来像游戏或电影《星球大战》的名字来自于二人姓氏的组合，Firestone 加 Walker。

辩论双方还给各自设定了标志，亚当这个美国派加州系以熊为标志，而戴维这个英国派则以狮子为标志。在酒标上，熊与狮子互相挥舞着爪子。在这样碰撞与融合的背景下，酒厂做出了获奖无数的经典款西海岸IPA——米字旗轻型IPA。它将欧洲经典的麦芽甜香与美式啤酒花的柑橘香和松香进行了完美平衡，每一批酒在酿造时都使用了多达200公斤的啤酒花，酒花的品种达到了7种之多，而且分为三个阶段分别投放，从而将不同类型的香气均衡地表现出来。

另外，火石行者的双桶艾尔（DBA）也非常出名，啤酒首先在橡木桶中熟成长达20周，然后取出一部分放到现代化的不锈钢桶内再熟成一周，最后再将二者混合灌装。复杂的制作过程带来了奶糖、烤坚果和面包的香气，入口时具有麦芽、饼干、焦糖的甜香。

石头 IPA（Stone IPA）——音乐与啤酒

　　啤酒能够给歌德带来写作的灵感，也给无数音乐人带来创作和演奏的灵感。尤其在充满阳光的加州，啤酒与音乐从不分家。石头啤酒厂的创始人史蒂夫·瓦格纳（Steve Wagner）和格瑞格·科赫（Greg Koch），两个音乐人通过一次偶然的机会相识，很快他们发现对于啤酒他们有很多相同的观点，品尝好酒时会一起赞叹，在超市里遇到那些差劲的工业拉格时也会一样愤慨。他们对于音乐的灵感可以轻松表达，但要想将自己对于啤酒的创意发挥出来则需要拥有自己的酿酒厂。于是，不差钱的他们决定开设一家自己的酒厂，让自己的酿酒理念得以发挥。

　　1996 年，酒厂正式开始运作。他们用最常见的石头来命名酒厂，这代表了普遍性，更容易让消费者记住。而石像鬼的酒标彰显着另类和叛逆，代表了与工业拉格的截然不同。当然，这与热爱摇滚的格瑞格也密不可分。现在，石头酒厂位于美国精酿圣地——加州的圣迭戈。这里聚集了近百家精酿酒厂和自酿酒吧。在众多高手云集之地，石头酒厂也是名列前茅，现在它是美国排名前十的精酿酒厂。而且在近年来国际啤酒集团疯狂收购精酿酒厂并反攻圣迭戈时，石头酒厂是坚持精酿精神的支柱。

最为畅销且基础的酒款——石头 IPA 已经被奉为西海岸美式 IPA 的始祖。它使用了 8 种啤酒花，苦度达到 71IBU。具有强烈的柑橘、松香、花香和草药香气，并微妙地使用麦芽进行了平衡。入口时啤酒花的香气在前，面包谷物香气紧随其后，苦味则负责断后。口感清爽自然，在炎热的夏天饮用绝对是一种享受。

拉古尼塔斯 IPA（Lagunitas IPA）——谁说精酿一定高价

在很多中国人心目中，精酿啤酒意味着高价。在国内精酿酒吧中一杯啤酒的价格往往在 50 元左右。而拉古尼塔斯真正定义了高性价比的精酿，在美国本土 6 瓶一提的拉古尼塔斯 IPA 零售价仅有 9 美元，相当实惠。虽然价格低廉，但其品质却非常出色。拉古尼塔斯在加州和芝加哥都建有酒厂，销量排在全美精酿啤酒界第 6 位。2015 年，喜力收购了其 50% 的股份。

由于使用一只斗牛犬作为商标，很多人也称为斗牛犬啤酒。拉古尼塔斯 IPA 是一款经典的西海岸 IPA，颜色介于琥珀和金色之间，柑橘与花香明显。它用焦糖麦芽对酒花香气和苦味进行了良好的平衡，麦芽甜香成为入口的第一印象，随后才是柑橘、西柚和松香。整体上是一款清新爽口的 IPA。

俄罗斯河双料IPA（Russian River Pliny The Elder）——它门前排的队比苹果更长

将美式 IPA 推向更强劲更迷人的酒厂就是位于旧金山北面圣罗莎（Santa Rosa）的俄罗斯河酒厂。圣罗莎是葡萄产区，周围遍布葡萄酒厂。俄罗斯河原本属于一家香槟酒厂，1997年，酿酒师维尼尔·西索（Vinnie Cilurzo）成为新任老板。从小喝惯香槟的他喜欢酸啤，尤其偏爱比利时自然发酵的兰比克风格。酒厂成立之初，他就以此风格为主，并由此开创了美式自然发酵艾尔的全新分类（American Wild Ale）。虽然酸啤是近两年上升势头最快的类型，但当年美国的主基调依然是 IPA。于是维尼尔倾尽全力打造了一款双料 IPA——老普利尼（Pliny The Elder）。老普利尼是古希腊的博物学家，公元 1 世纪时正是他为啤酒花命名，因此与啤酒行业挂上了钩。

维尼尔的这款双料 IPA 迅速成为行业标杆，酒精度达到 8%，投放酒花不计成本，用量之大无人能及。本身 IPA 就已经算是淡色艾尔的加强本，而双料 IPA 又是更厉害的加强版。从此，啤酒花超过麦芽成为了最重要的原料和风味的灵魂。这款啤酒具有金黄的色泽，口味层次丰富，你能够品尝出各种热带水果的味道，麦芽香气已成为配角，而强劲的苦味不是每一个人都能够接受的。2005 年，维尼尔又推出了更加强劲的小普利尼（Pliny the younger），这款三料 IPA 并非全年生产，每到发布季节就会出现大量啤酒爱好者排队购买的情景，与苹果新产品发布有一拼。

南瓜艾尔（Pumpkin Ale）——
不只是在万圣节才喝

美国人对于啤酒的创造力并非局限在啤酒花上，南瓜艾尔绝对不仅是万圣节的配角，其受欢迎程度之高超过了我们的想象。啤酒的辅料运用上虽然没有什么限制，但有些辅料会抑制酵母的发酵活动，让酿造失败。而南瓜却可以为酵母提供可发酵糖，促进这一过程。另外，南瓜可以为啤酒带来更浓郁的香味，让口感更加顺滑，所以相当流行。

不同酒厂对于南瓜的添加有不同方法，有的直接加入新鲜南瓜，有的会先烘烤，有的则采用罐头装的南瓜泥。南瓜艾尔更是类型繁多，可以是淡色艾尔、小麦啤酒，甚至是波特和世涛。位于西雅图的天堂啤酒（Elysian）每年秋季都会推出三款南瓜艾尔。其中最知名的南瓜啤酒（The Great Pumpkin）属于帝国南瓜艾尔，酒精度达到 8.4%，在谷物原料中添加了烤南瓜子，还向麦汁中添加了新鲜南瓜，并采用肉桂、肉豆蔻和丁香等多种香料增加香气。

美式波特和世涛

在历史和文化上，美国与英国更为紧密，所以在美国精酿运动兴起后，从英国继承来的啤酒风格要远多于德国和比利时。喜欢重口味的美国人自然会把波特和世涛移植过来。在这片新大陆上，本已日落西山的波特和世涛重新焕发了生机。由于这两种风格的包容性强，所以成为了美国酿酒师发挥创意的平台。除了更加强调啤酒花味道外，美国人还在原料中添加咖啡、巧克力和焦糖，来强化其烘烤味道。有的品种更使用威士忌木桶进行陈酿，以获得更加丰富的味觉表现。

岬角海上雄风波特（Ballast Point Victory at Sea）——海洋生物的科普课堂

岬角也是西海岸圣迭戈的知名精酿酒厂，它由两个加州大学的学生创办。圣迭戈最著名的景点就是洛马岬灯塔，1542 年，葡萄牙航海家卡布里奥就是从那里登陆，成为首位发现加州的欧洲人，所以酒厂以岬角来命名。热爱出海钓鱼的他们几乎将每一款酒标都设计为不同的鱼类造型，而且将鱼的名称作为啤酒名，很有科普精神。例如，他们的双料 IPA 就叫蝠鲼（Manta Ray），这种体型如蝙蝠一样的鱼跟双料 IPA 的口感很有相同之处。而淡色艾尔则以常见的金枪鱼（Bonito）来命名。

　　但他们的海上雄风波特则采用了暗黑系的设计，让人想到加勒比海盗里的幽灵船。而广告语更加有气魄：一杯浓烈的波特足以抵御任何狂风巨浪。这款独特的帝国波特在原料中添加了香草和圣迭戈当地一家咖啡馆提供的优质咖啡豆，这种咖啡豆采用低度烘焙技术，具有较低的酸度，并采用冷泡方式萃取后加入麦汁中，从而与麦芽的甜味形成完美的平衡。它具有漆黑的色泽，香草和咖啡的气味十分浓郁，还混合了黑巧克力、肉桂和烤面包的香气。入口时 10% 的酒精度带来的热辣感强烈，香草与咖啡味道被衬托出来，最后酒花与咖啡带来的苦一直挥之不去。

美式皮尔森（American Pilsner）和
帝国皮尔森（American Imperial Pilsner）

　　美国东海岸对于皮尔森风格情有独钟，宾夕法尼亚州的云岭（Yuengling）酒厂成立于 1829 年，可以算是美国历史最悠久的啤酒公司了，甚至超过百年老店美国百威。2014 年，它也被美国酿酒协会列入精酿酒厂行列，而且从销量来说它位居全美精酿酒厂第一。美国前总统奥巴马就是其忠实粉丝，酷爱运动的他还跟加拿大总理打赌两国的冰球队比赛，结果美国队输给加拿大队后，愿赌服输的奥巴马就送了一箱云岭啤酒给对方。云岭传统拉格（Traditional Lager）就是美国皮尔森的代表。它具有比欧洲皮尔森更深的颜色，气味上除了麦芽香气还多了松树的气息，入口时以麦芽甜味为先导，而后是美式酒花的柑橘和松香。整体风格明快流畅，毫不拖泥带水。

　　另外，美国人还使用当地啤酒花以及更多原料开创了美式帝国皮尔森，与普通皮尔森相比虽然颜色接近，但具有更浓郁的麦芽味道、更多的酒花香气，酒精含量也会更高。

第 6 章
啤酒里的门道

结束了全球啤酒之旅，尝遍了各种风格后让我们回到家中，透过纷繁复杂的外表，深入了解啤酒的历史和酿造过程。在日常生活中，啤酒从选购、保存、适饮温度到适合的酒杯、搭配的菜肴都有门道，在本章中让我们一起进行探索。

啤酒书写了人类历史

　　大多数人可能认为啤酒只不过是生活中一种可有可无的酒精饮料，但实际上啤酒对于人类文明的发展起到了不可忽视的作用。说出来你可能不相信，但下面这些观点被很多国外学者承认，就让我们迈入历史的长河，看看啤酒是如何诞生和发展的。

　　根据 DNA 分析，现在地球上所有的人类都有着共同的祖先，大约 10 万年前，一部分原始人从东非的部落村庄中开始向外迁徙，最终在各大洲落户。最初，原始人以狩猎为生，男人打猎，女人则采集浆果和谷物。对于第一杯啤酒是什么时候诞生的，没有确凿的证据。但可以肯定的是，原始人没有相应的知识和技术发明啤酒，它的诞生纯属偶然。

　　学者们推测，原始人采集野生大麦后，将吃剩的部分放到石器中存放，由于那时人类还不会建造房屋，只是在山洞中居住，放在外面的大麦很容易被雨水打湿。湿透的大麦暴露在空气中，没几天就发芽了。这时又是一场倾盆大雨，让整个石槽都灌满了水。此时，空气中的野生酵母光临，在它的作用下产生了酒精和二氧化碳。相信必定有一位原始人，他或许勇敢，或许仅仅是因为吝啬，不忍心倒掉这些大麦。不管出于什么原因，他勇敢的喝下了这个石槽中的液体。于是，惊人的事情发生了，这里的液体不仅美味，而且喝过之后这个原始人异常开心，手舞足蹈。在他辛苦而又乏味的生活中，他第一次体会到了快乐。从此，人类再也离不开这种大麦饮料。

为了获得更多的啤酒，人类就要开动脑筋，获得更多大麦作为原料。这就促进了农业的形成。从啤酒引发的连锁反应甚多，例如为了耕种土地获得大麦，就要兴修水利进行灌溉；为了测量土地和计算大麦收成，间接促进了数学的发展；为了进行啤酒交易，需要记录信息，从而促进了文字的发展。

关于啤酒最早的文字记录出现在公元前 3000 年的美索不达米亚平原。与其他文明不同的是，两河流域的古代文明由多个民族交替完成。两河流域最早的主人是苏美尔人，他们神秘地出现，几千年后又神秘地消失。苏美尔人在泥板上以楔形文字记录商业交易，其中啤酒、粮食和牲畜都是出现最频繁的商品。楔形文字中与啤酒相关的单词多达 160 个。根据记录，苏美尔人的酿酒水平超乎我们的想象，他们能够酿造红色、棕色和黑色啤酒，还对陈酿和鲜啤颇有研究。苏美尔人为了运输包括啤酒在内的大件物品，还发明了轮子。所以，一切轮式车辆的开创也离不开啤酒。

　　古埃及文明中啤酒同样有举足轻重的作用，与两河流域相同，他们都是先将大麦发芽、干燥、研磨后制作成面包，再使用热水浸泡并捣碎后进行发酵制作啤酒的。这与现代工艺有很大不同，之所以增加面包环节是因为他们没有掌握酵母的使用技术。金字塔的建立也与啤酒密不可分，在古埃及啤酒可以当做货币流通，修建金字塔的工人每人每天得到的报酬是3.7升啤酒。所以胡夫金字塔的建造费用甚至可以用啤酒来换算，那就是8.5亿升啤酒，大约是17亿听。用当今普通进口啤酒10元/听的价格计算，那么就是170亿元。与比利时修道院供给内部的低度啤酒相似，古埃及的啤酒酒精度只有3%左右，其中富含矿物质和维生素，不仅能够缓解一天的疲劳，而且可以提供高强度劳动时身体所需的营养成分。

　　位于欧洲南部的罗马帝国热爱葡萄酒，而北部的日耳曼蛮族则是啤酒的忠实拥趸。虽然罗马人视啤酒为粗俗的饮料，但随着帝国的覆灭，日耳曼国家的建立，啤酒传遍了整个欧洲。在黑暗的中世纪，战争与瘟疫横行，大量水源被污染。而啤酒经过煮沸的过程再加上啤酒花的杀菌作用，成为一种安全的饮品，挽救了无数的生命。

即使对于美洲这片新大陆来说，啤酒也有着不可磨灭的功绩。它确保了长时间航海中船员的饮水安全，使得大航海时代成为可能。美国众多的开国元勋都是酿酒师出身，包括乔治·华盛顿、托马斯·杰斐逊和塞缪尔·亚当斯。作为英国殖民地的美洲，酒馆成为独立战争前自由斗士的聚会场所，他们在这里喝着啤酒商讨与英国人的斗争策略。美国国歌的曲调甚至都来源于18世纪的祝酒歌，只不过把歌词更改了。

到了近代，啤酒生产技术的进步也从侧面推动了医学的发展。1850年，法国微生物学家路易斯·巴斯德（Louis Pasteur）在研究啤酒变质问题时发现，有害细菌是问题的根源。他不仅发明了巴氏杀菌法，而且提出每一种传染病都是由细菌造成的，从此人类才用疫苗战胜了天花等疾病，现代医学也正是从这里开始起步。

19世纪中叶，需要低温发酵的皮尔森诞生后，啤酒工业长期运输冰块，依赖地窖，而且漫长的夏季无法酿酒，于是迫切需要一种能够制冷的设备。1881年，德国工程师卡尔·林德（Carl von Linde）设计出第一台利用连续压缩氨的原理进行工作的制冷机，虽然这台机器庞大，但开创了制冷设备的先河。从此人们不仅一年四季都能够喝到拉格啤酒，而且解决了人类从未真正解决的食物保鲜问题。冰箱、空调由此而诞生，彻底改变了人类的生活。

啤酒也带领人类走上工业化道路。由于对啤酒的旺盛需求，低效率的小型酿酒厂无法满足市场需求。以美国米勒（Miller Coors）为代表的大型啤酒厂采用自动化流水线生产，代替了以往的手工生产（尤其是酒瓶的生产和灌装环节）。从此，汽车、纺织等其他工业紧随其后，人类由此开始有了更高的生产效率，现代化工厂成为文明的新标志。

啤酒几乎贯穿了整个人类的历史，它改变了人类的生活习惯，从狩猎到农耕，它引发了一系列伟大发明，带来了文明的繁盛，推动着科学的发展。更重要的是它带给我们激情与疯狂。

啤酒的原料

麦芽

估计除了美国人，其他国家的酿酒师都会同意麦芽是啤酒的灵魂这一观点。麦芽由大麦发芽而来，大麦与我们熟悉的小麦不同，它的淀粉含量高，蛋白质含量低，这正是酿造啤酒需要的。大麦之所以是最理想的选择，还因为它天生富含淀粉酶，这种酶可以将淀粉转化为酵母的食物——单糖，酵母通过消耗单糖就能够产生酒精和二氧化碳，最终实现酿造的目的。

　　既然大麦富含淀粉酶，那么酿酒师就不用额外添加了，而玉米和小麦中就缺少酶，如果将其作为辅料，且比例很大就需要额外添加。另外，大麦的外壳很难脱去，在制作面粉时这是弊端，但酿造啤酒时正需要大麦的外壳作为过滤层。大麦比其他谷物具有更迷人的麦香，可以为啤酒增添香气。添加了其他谷物作为辅料的啤酒之所以口味变差，也与此有关。

　　除了这些特长以外，大麦缺乏面筋，无法制作面包。所以，人类主食往往以小麦为主。在几千年的历史中，谷物短缺一直困扰着人类。牺牲主食去酿酒的做法显然让人无法接受，所以，从某种角度上说，15世纪德国的纯酒令也是为了保护主食安全。低调的大麦与人类主食互相不冲突，也促进了它成为酿造啤酒的首选。

　　大麦从形状上分为二棱和六棱，二棱生长于寒冷地区，蛋白质含量更低，可以提高啤酒的品质。欧洲的二棱大麦有着最高的品质，这也是欧洲啤酒长期笑傲全球的原因。而六棱大麦生长于较热的地区，淀粉含量较少，不是最佳的选择。

　　酿造啤酒之所以使用发芽后的大麦是因为发芽过程能够激活淀粉酶，这样在后期糖化时，淀粉酶就可以充分发挥作用，将淀粉这条长链子剪成更短的糖类。

　　不同的麦芽还赋予了啤酒不同的色泽。麦芽的颜色是通过烘烤而改变的，温度越高麦芽的颜色越深，口味也会更加强烈。常见的麦芽包括。

- 皮尔森麦芽（基础麦芽）：发芽结束后麦芽进入干燥炉，干燥温度从低（32摄氏度）到高（80摄氏度）逐级攀升，每级都有不同的时间要求。皮尔森麦芽具备最强的淀粉转化单糖的能力，因此是任何类型啤酒配方中的核心，包括黑啤。

- **维也纳麦芽**：烘烤的温度稍高，带有轻微的色泽，能够为啤酒带来琥珀色，并且具有浓郁的麦芽香和一定的坚果香气。
- **焦糖麦芽（水晶麦芽）**：麦芽先经过热蒸煮过程，使得麦芽中的糖类物质发生结晶，这种结晶糖在后期的发酵过程中不会被转化成单糖，能够一直保留下来。因此可以给啤酒带来蜂蜜、焦糖的甜香。
- **巧克力麦芽**：烘烤温度更高，颜色如同牛奶巧克力，具有更强的着色能力，为啤酒带来棕色，并且具有更强烈的坚果香气。
- **黑麦芽**：用大约 200 摄氏度的高温烘烤，这会导致麦芽中的淀粉焦化，麦芽几乎是黑色。它具有最强的着色能力，可以用来制作世涛。黑麦芽的烧烤、咖啡香气最为浓郁，也奠定了这类啤酒的口味基础。但是高温导致淀粉酶的活力下降，几乎不产生单糖。

其他谷物

小麦：与大麦相比，小麦含有更多蛋白质，可以让啤酒浑浊，泡沫更加丰富持久。德国小麦啤酒会加入小麦麦芽，而比利时白啤则使用不发芽的小麦，研磨成粉后加入。

大米：中国和东南亚盛产水稻，所以使用大米作为辅料，可以让啤酒厂以更低的成本获得丰富的可发酵糖类物质。但大米只适合制作风味清淡的啤酒，对提高品质没有帮助。

玉米：与大米的作用类似，能够降低成本，适合清淡型啤酒。

燕麦：可以增添啤酒柔滑的口感，带来美妙的奶油香气，主要在司陶特和波特啤酒中作为辅料出现。

黑麦：德国人喜欢用黑麦制作面包，它富含淀粉、脂肪、蛋白质和矿物质，对身体有益。黑麦发芽后添加到啤酒中，会给啤酒增加辛辣的味道。

啤酒花

啤酒花是啤酒的香料，就像我们在炖肉时放的花椒和大料。在啤酒花出现前，中世纪的欧洲人就采用各种草药来为啤酒增添香气。这种神秘辅料的配方只掌握在贵族手中，所有酿酒者都要向他们购买。据说其中包含了很多我们陌生的草药，也包含了很常见的大料、桂皮、肉豆蔻和姜。但由于这些草药和调料的杀菌能力较弱，一般啤酒的保质期只有几周而已。公元 1000 年前后，在德国北部不受教会控制的自由城市，啤酒花开始被添加到啤酒中，从而将啤酒的保质期延长至几个月。汉莎同盟从此可以将啤酒作为商品向外输出。

啤酒花是大麻科植物，它能够健胃、化痰，其药用价值在很久以前就被发现。这种植物的最大特点是雌雄异株，酿酒所使用的球果全部长在雌株上，其实它并非花朵。纵向切开啤酒花就能够看到黄色的蛇麻腺，它的气味具有刺激性，其中包含了苦味树脂和芳香精油，这正是啤酒所需要的。

苦味树脂中含有 α–酸，这是啤酒苦味的来源，它的含量是啤酒花品质的重要指标，从 2% 到 20% 不等。它可以有效平衡麦汁的甜腻，即使很清淡的麦汁，如果不使用啤酒花来进行平衡，那么大多数成年人也无法接受这种甜度。每个人都有亲身体验，甜饮料虽然喝着痛快，但并不真正解渴。酿酒师正是选择不同 α–酸含量的啤酒花最终让啤酒呈现出微苦到微甜之间的平衡味道。

苦味树脂同时也起到杀菌和稳定泡沫的重要作用。啤酒花的芳香精油则能够给啤酒增添香气，其包含的精油多达十几种，根据啤酒花的品种和产地会有很大差异。德国酒花的香气最为传统，具有草药和薄荷的气味。英国酒花香气清新，具有香料或水果味。美国酒花则类型最为多变，但以柑橘和松香为最大特色。但芳香精油极易挥发，在麦汁煮沸时添加的啤酒花有 97% 的精油挥发。所以，很多美国酒厂在啤酒低温发酵阶段再次添加啤酒花，以获得更多芳香精油。

　　与葡萄酒相比，酿造啤酒的一大优势就在于不受地点限制。葡萄酒厂需要靠近葡萄产区，而啤酒的原料易于储藏，因此可以在任何地方建厂。新鲜的啤酒花含水量大，容易腐败，只有少数啤酒厂采用，当然这会带来不错的味道和更高的生产成本。干啤酒花则更适合运输，也具有很好的天然香气，是啤酒厂的首选。但干啤酒花会与空气和蓝光产生反应，因此要避光和采用真空包装。更大型的啤酒厂则采用酒花颗粒，它是将干燥的酒花加工成粉状，然后压制成直径 2 ~ 8mm 的圆柱体，由于表面积小，在惰性气体保护下不容易氧化。你在市售啤酒的配方中还会见到酒花浸膏这种原料，它是啤酒花的浓缩提取物，能够让 α - 酸等物质的利用率提高，但传统提取方法会残留有机溶剂。

　　目前，世界上种植的啤酒花品种接近 100 种，大致可以分为以下三类。

　　苦味啤酒花：α - 酸含量较高，为啤酒提供苦味为主，用于艾尔和世涛等风格。

- 马格努门（Magnum）：产自德国，α - 酸含量为 12% ~ 14%，具有干净的苦味，储藏性出色。适合用于 IPA 中当作主力苦味来源。
- 哥伦布（Columbus）：产自美国，α - 酸含量高达 14% ~ 20%，具有黑胡椒和甘草的味道。适合用于淡色艾尔、IPA 和帝国世涛。
- 努格特（Nugget）：产自美国，α - 酸含量为 10% ~ 14%，具有辛辣的气味，并带来桃子和梨等水果味道。适合艾尔和世涛。

　　香味啤酒花：α - 酸含量较低，香味更加出色，为啤酒增添各种迷人的香味。

- 戈尔丁（Golding）：产自英国，α - 酸含量为 4% ~ 6%，具有蜂蜜和泥土味，是传统英式啤酒花的代表，香气优雅而持久，适合酿造英式淡色艾尔。
- 卡斯卡特（Cascade）：产自美国，α - 酸含量为 5% ~ 9%，具有柑橘、西柚和荔枝的香气。是美式淡色艾尔和 IPA 的特色保证。

　　苦香兼优型酒花：可以为啤酒同时带来苦味和香气，用于皮尔森和德国黑啤。

- 萨兹（Saaz）：产自捷克，α - 酸含量为 2% ~ 5%，具有泥土和草药味。正是它确立了波希米亚皮尔森的风格特征。
- 富格尔（Fuggle）：产自英国，α - 酸含量为 4% ~ 7%，具有青草、薄荷与泥土的味道，赋予啤酒草本和木本植物的清香，是英国啤酒的基石。
- 西楚（Citra）：产自美国，α - 酸含量为 11% ~ 14%，具有热带水果（芒果和番石榴）和酸橙的气味，风味强烈。2007 年才由美国的专业啤酒花育种公司培育出来，成为美国精酿的新星。

酵母

　　酵母是啤酒的灵魂，是神奇的自然力量。从某种角度上说，人类只是将各种原料组合在一起，而酵母才是最终制造出啤酒的功臣。酿酒师不仅需要完成前面的步骤，而且也是酵母的"保姆"。酵母是一种单细胞真菌，直径只有 5 ~ 10 微米，虽然它比普通细菌要大得多，但肉眼依然是无法辨识的。直到 17 世纪显微镜发明，这一与人类文明相伴了数千年的微生物才为人所知。

　　据估算，世界上的酵母种类超过 1500 种，很多与我们的生活都息息相关。馒头与面包是在面包酵母作用下做成，乌龙茶是由茶酵母进行半发酵而来，而啤酒、葡萄酒则全部是酿酒酵母的杰作，这也是唯一的耐酒精酵母。当然，在酿酒酵母这个范畴中，还包含了几百个不同的品种。这些酿酒酵母以葡萄糖、麦芽糖和蔗糖为食物，产生了酒精和二氧化碳，以及众多副产品，在酿造了啤酒的同时还影响了啤酒的风味和香气。酵母制造的酯类物质是啤酒风味的关键。这种物质表现为水果香气，在艾尔啤酒中更为常见。酯类物质的多少与发酵温度有关，温度越高含量就越多。酵母产生的酒精是乙醇，但同时也会产生多种醇的混合物，也称为杂醇。杂醇含量过多会降低啤酒品质，喝完还有可能出现头疼症状。

　　在酵母的研究方面，里程碑事件就是 1883 年丹麦嘉士伯的实验室首次分离出了酿酒酵母的纯菌株，代表了人类第一次真正认识和掌握了酿酒的核心技术，从而为酿造高品质啤酒打下了基础。

顶层发酵酵母（艾尔）>>

这是人类从开始酿造啤酒就一直使用的酵母类型。其发酵温度较高，为 15 ~ 24 摄氏度，就像我们在家制作馒头，冬季的低温会让发酵变慢或完全失败。在发酵时，这些酵母会漂浮到发酵桶上面，形成冒泡的酵母层。它可以产生大量的酯类物质，形成多种风味和香气，例如德国小麦啤酒的成熟香蕉和丁香味，以及英国艾尔的水果香气。但这两种啤酒所用的酵母又不相同。这种酵母的发酵时间只有 3 ~ 5 天。

底层发酵酵母（拉格）>>

艾尔酵母无法在低于 13 摄氏度的环境下发酵，但严谨的德国人会记录下每一次啤酒生产的过程。他们发现曾经出现过低温发酵的情况，并以此为基础对这种酵母加以培养，最终获得了可以在低温（7 ~ 13 摄氏度）下表现出最佳活性的拉格酵母。在发酵时，这些酵母会沉到发酵桶底部，酯类物质产生较少，虽然缺少水果香气，但能够让啤酒更加干净清爽，更加解渴。其发酵时间也要比艾尔酵母更长，会达到 6 ~ 10 天。

水

水是啤酒的身体。在欧洲黑暗的中世纪时期，啤酒曾经替代了不安全的水，挽救了无数生命。但同样，水的质量也决定了一款啤酒的品质。你一定有这样的生活经验，那就是用烧开的矿泉水泡茶，尤其是冲泡绿茶会让汤色变深，风味尽失。矿泉水中的钙、镁和铁离子导致的化学反应产生了这一问题。而在自然界中，水是最好的溶剂，无论地表水还是地下水在所经之处都会与岩层或土壤接触，从而将其中的矿物质溶解出来。

对于啤酒来说，水质非常关键。水通过三个方面影响啤酒的最终品质。第一是会影响最终啤酒的 pH 值，从而导致口味的变化。总体来说，啤酒是弱酸性饮料，pH 值在 4.0 ~ 4.5。如果 pH 值偏高，味道会很沉闷，而 pH 值偏低会让味道缺乏层次。第二，水中的一些矿物质还可以成为酿酒师手中的调味品，让啤酒在苦和甜的坐标轴上移动。第三，劣质水中的污染物会让啤酒的味道很糟糕。

酿造啤酒的水有两个来源，来自湖泊、河流地表水和地下水。地表水没有充分接触岩层，因此矿物质含量较低，但需要用氯气来消毒并进行过滤才能使用。而残留的氯会降低啤酒的

品质。因此优质啤酒普遍采用地下水，其有机物含量低，但矿物质含量高。

啤酒几乎可以用任何水来酿造，但水的品质优劣正是出色啤酒和劣质啤酒之间差别的根本。在人类无法完全掌控水质的时候，啤酒厂的选址则经常靠近优质的水源。从某种角度上来说，各地不同的水质造就了风味各异的啤酒。

首先来看硬水（水中钙镁离子和化合物较多），对于一般啤酒类型来说，矿泉水的碱性偏高会让啤酒产生涩味，再与啤酒花带来的苦味混合，口感会很差。但黑啤在制作过程中，麦芽碳化程度高，酸性也随之增加。这样与碱性的矿泉水组合在一起就能相互中和，获得很好的平衡，增进麦芽的焦香。由于英国和爱尔兰很多地区的水质偏硬，水中含有较多的碳酸钙，所以反而适合酿制波特和世涛等类型的啤酒。

再来看看软水，皮尔森啤酒就需要使用几乎不含矿物质的超软水来酿制。使用捷克皮尔森当地著名的超软水，在极低的钙离子条件下，才能酿造出酒体澄清、晶莹剔透的啤酒。而如果采用爱尔兰或者慕尼黑的硬水来酿造，皮尔森浅色的麦汁发酵率会很低。

总体来说，清淡爽口的啤酒需要使用软水，而浓郁色深的啤酒则要用稍硬的水。所以有些地区的酒厂需要向水中添加矿物质提高硬度，而另外一些地区则需要将水软化。另外，水中适量的硫酸钙可以增强啤酒花的苦味，使其尝起来更干和更脆。而适量的氯化钙会让酒的甜味增加，二者效果截然相反。所以水质成为了酿酒师手中的控制筹码。当今啤酒厂已经没有必要建在优质水源处，而是基于不含矿物质的纯净水，再通过人工添加矿物质的方式制造出适合酿酒的水。

当然，比水中所含矿物质更重要的前提就是水本身不能含有重金属、农药残留、细菌等有害物质，也就是对于水源的卫生要求是最基础的。

辅料

虽然德国纯酒令约束了酒厂的生产，保证了啤酒的品质，但同时也束缚了德国人的创造力。在比利时，添加各种香料和水果都是合法的，于是造就了各种特色鲜明的啤酒。经常添加的辅料包括：香菜籽（比利时白啤中使用）、大料（增添辛辣味）、杜松子（让啤酒获得金酒般的风味）、香草豆荚（让世涛获得香草冰激凌的味道）、接骨木果实或花朵、橙皮、桂皮、辣椒、甘草等。

酿造过程

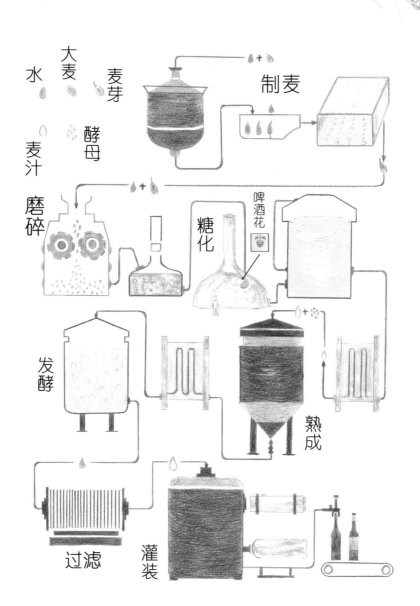

步骤 1：制作麦芽

　　酿造啤酒的第一步就是将大麦制作成麦芽，以激活淀粉酶。想一下豆芽是如何做出来的，就很容易理解这个过程。首先将优质的二棱大麦用 15 摄氏度的水浸泡，让这些种子获得足够的水分。但大麦发芽不仅需要水，还需要大量的氧气。所以，在发芽过程中，还需要多次将水放掉，输送空气，并将麦层上下翻动，防止麦芽缠绕。整个过程需要 5 ~ 6 天，萨拉丁发芽箱可以自动完成整个过程。

　　完全发芽后，就需要人为终止这个过程。通过热风烘干可以实现，同时还能够为麦芽上色。整个送风过程是循序渐进的，否则会破坏淀粉酶的活性。深色麦芽无法通过热风烘干实现，还要进行专门的烘烤环节。最终制造出颜色各异，用途不同的多种麦芽。目前，很多酿酒厂已经不再自己制作麦芽，而是直接购买。只有那些传统的酿酒厂才依然保持着自制麦芽的习惯。

步骤 2：糖化

　　首先，酿酒师根据最终啤酒的口味和颜色选择多种麦芽的组合，然后将其磨碎。磨碎麦芽可以获得更多的浸出物，有利于淀粉转化为单糖。但这时一个难题出现了，如果研磨得太细，虽然有利于转化，但会给后续的过滤步骤带来困难。如果研磨得太粗，则不利于转化。最好的方式是将麦芽和麦芯磨细，而让作为过滤层的外壳较粗。

　　然后萃取麦汁，将研磨后的麦芽在温水中浸泡 1 ~ 2 个小时，形成粥状物质，这就是麦醪。此时，淀粉酶开始工作，将淀粉这条长链子剪成更短的糖类。这个过程就叫糖化，是为了给后续添加的酵母制造食物，也是酿造啤酒关键的一步。糖化桶内就是一大锅香甜美味的麦芽粥。糖化过程的目标是将大部分淀粉转化为酵母可食用的糖，这样生产才更有效率。同时，还要保留一部分酵母不可食用的糖，让啤酒更有风味。而实现这一目标的方式就是温度控制。稍低的温度可以获得更多第一种糖，稍高的温度可以获得第二种糖。所以，很多德国酒厂会取出部分麦醪后将其煮沸，然后再回锅倒入原来的麦醪当中，如此往返操作多次。这也从一定程度造就了高品质的德国啤酒。

　　糖化过程在淀粉酶的作用下进展非常迅速，之后就可以将这一锅浓稠的粥进行过滤，让固体物质与麦汁分离了。研磨麦芽时的粗糙外壳就会成为此时完美的过滤网，过滤出的麦汁非常浓稠，这就是第一道麦汁。而剩余的固体物质中仍然有可溶出物，于是会用热水再次冲洗，获得较为稀薄的第二道麦汁。有些酒厂只采用头道麦汁，可以提高啤酒的风味。而更多酒厂会将两道麦汁混合使用。

过滤出的麦汁即将与啤酒花第一次会面了。此时，麦汁会进入滚沸槽中进行加热，直到沸腾。滚沸槽的顶部由铜制成，有着好时巧克力一样的漂亮外形，是很多传统啤酒厂的标志。在滚沸槽顶部还有小窗口，啤酒花就从这里加入到沸腾的麦汁里，酿酒师也从这里观察麦汁情况。滚沸的主要目的是杀菌并让淀粉酶失去活性，如果它还有活性，那么已经确定的可发酵糖和不可发酵糖的比例就会变化。另外，滚沸还可以使蛋白质变性，起到稳定泡沫的作用，同时可以让一些不好的气味挥发掉，让啤酒口味更加纯净。整个滚沸过程会持续 90 分钟。随后需要将麦汁快速冷却（而不能自然冷却）到酵母的工作温度，进入下一步骤。

这时的麦汁就已经定型，我们总能够在啤酒的包装上看到原麦汁浓度这个指标，它是怎么得来的呢？

由于麦汁中溶解了可发酵糖和不可发酵糖等物质，所以它的比重会大于水。如果麦芽汁的比重测量后为 1.044，那么用它减去水的比重（1.000）再除以 4 就得到原麦汁浓度，也就是 11° P。原麦汁浓度低的啤酒，酒精含量也较低，属于清爽解渴型啤酒。而原麦汁浓度越高，其风味也会更加出色。

步骤 3：发酵

麦汁冷却达到酵母工作温度后，就会加入酵母进入发酵环节。艾尔酵母和拉格酵母所需温度不同，因而发酵槽的形状也有差异。艾尔啤酒一般采用开放式的发酵槽，而拉格啤酒则在密闭的不锈钢发酵槽中发酵。在这个过程中，酵母将麦汁中的可发酵糖转变为酒精和二氧化碳，并释放出热量，同时大量自我繁殖。可见，食物越多，这种发酵活动就越旺盛。麦汁浓度越高，其中含可发酵糖类越多，最终的啤酒酒精度就越高。当酒精度持续升高后，达到 10% 左右时，酵母的生长也会受到抑制，不同类型的啤酒酵母对酒精度的耐受程度也不一样。发酵完成后，麦汁会进入熟成槽中。

步骤4: 熟成

发酵结束后的啤酒远未达到理想的状态，口味粗糙且青涩。这就需要进入熟成阶段，也就是第二次发酵。熟成可以让那些令人不喜欢的味道背后的物质产生转化，从而扭转这一现象。在这一过程中，酵母依然具有活性，艾尔酵母会产生出酯类物质，让啤酒获得水果香气。第一次发酵阶段中残留的糖分会继续给酵母提供营养，产生更多酒精和二氧化碳。艾尔和拉格的熟成时间和温度各不相同，艾尔啤酒需要 10 ～ 20 摄氏度的环境，数天就可以完成。而拉格则需要 0 ～ 4 摄氏度的低温环境，时间会长达 1 个月。熟成这个环节也不一定在酒厂内进行，英国艾尔就会装桶后在酒吧地窖中进行熟成，时间也由酒吧掌握。

步骤5: 过滤或加热

截止上一个步骤，啤酒都是包含酵母的有生命体，然而这样出厂无法保证啤酒的品质。完成熟成后的啤酒需要将品质固定下来，这就需要去除或杀死酵母，停止发酵过程。通常使用孔径 1 微米（比酵母体积还小）的过滤层将酵母滤出，或者直接通过加热让酵母再也没有活性。过滤也可以让拉格啤酒更加通透清澈，符合现代人的审美。

但随着大家对啤酒口感的重视，越来越多的酒厂会保留酵母。比利时啤酒的传统工艺中，即使到了下一步装瓶环节都不清除酵母，而且还添加额外的糖，供酵母在瓶中进行第三次发酵。

步骤6: 灌装

灌装环节中最大的难点是避免氧气与啤酒接触，防止氧化造成的品质下降。玻璃瓶是最理想的包装，在啤酒注入前，灌装设备会用二氧化碳气体对玻璃瓶进行加压处理，灌装啤酒并封盖后，酒体上方的空间几乎没有氧气。而易拉罐承受压力的能力较差，很难做到同样效果。

由于加压灌装所以二氧化碳就会在压强的作用下进入瓶中，瓶内压强较大，二氧化碳就会溶解在啤酒液体中。到开瓶时，压强瞬间变小，二氧化碳就会以泡沫的形式喷涌出来。

选购要领

　　近年来，国内市场上进口啤酒的品种快速增长，让人眼花缭乱。那些率先进入中国市场的先驱者，虽然很多不是一线品牌，但也让国人开阔了眼界。随后几年中，像保拉纳、教士、卡力特等真正的德国大牌开始进入，虽然每个品牌并非将全部产品线送到中国，但几乎让国内消费者与国际接轨。而随着市场的扩大，进口啤酒呈现爆炸式的增长，你会突然发现一下冒出来很多进口啤酒品牌，超市中以德国品牌居多。每个品牌都有自己的产地描述、集团背景，也都强调遵循德国纯酒令。其中不乏价格较低的进口啤酒，甚至下降到国产啤酒的价格区间。

　　在中国市场上，如果你购买比利时和美国啤酒，相对比较放心。而选择德国啤酒时则需要擦亮双眼，仔细挑选。那种由国内代理商打造的伪德国品牌不在少数。对于大部分消费者而言，并没有机会去到德国了解当地的具体情况。在这些引进的啤酒中，有些并非品质过硬。除了在平时，多关注一些啤酒文化和信息，在选购时还可以用以下方法来检验。

- 仔细看看进口啤酒的名称，不要被那花式的字母所蒙蔽。一般大酒厂是不会低水平重复那些被人用惯了的词汇的，而在知名啤酒的名称上加个后缀，变个花样，以假乱真，这可是山寨的惯用手法。
- 检查啤酒外包装，印刷要清晰，字体边缘没有模糊。如果连啤酒罐都无法做好，怎么能让人相信其中的内容呢。
- 搜索引擎是个强大的工具，大部分山寨品牌都可以通过搜索发现端倪。建议大家搜索英文页面，如果是知名啤酒自然信息不少，如果全部是中文页面则要引起警惕。
- 去国外啤酒评价网站搜索。如果你英文不错，不仅能够通过网站发现品牌的真假，还能够获得全球啤酒爱好者对该款啤酒的评价。
- 选择进口啤酒时，不要一味贪图便宜。很多山寨进口啤酒正是抓住消费者的这个心理，才有生存空间的。
- 好的进口啤酒品牌大部分不是跨国公司，他们很难支付其全球范围内的大型广告，当然也不会默默无闻到任何宣传都没有。例如，保拉纳这样级别的啤酒厂，虽然不可能冠名欧冠，但在拜仁比赛时场边广告还是有的。另外，通过慕尼黑啤酒节能知道当地的六大啤酒厂，从这些渠道获得的信息更加靠谱。

购买渠道上实体超市的优势在于能够让我们看到真实产品，目前大型超市的进口啤酒品种丰富，品质更有保障。当然不同超市里的啤酒品种差异很大，这也是在实体店购买啤酒的乐趣之一，颇有寻宝的感觉。实体超市中美国精酿相对少见，网店是最好的购买渠道。理论上说，本书中绝大部分酒款都可以在电商平台上买到。

选罐装还是瓶装

很少有人注意到罐装和瓶装的区别，但在选购啤酒时这还是非常重要的一点。易拉罐包装的啤酒是市场的主流，在超市货架上你会看到，罐装的品种占据统治地位，而玻璃瓶装的则数量非常有限。的确，易拉罐成本低、重量轻，外出携带时会更加方便。而且易拉罐可以更好地阻隔阳光，防止光线造成啤酒品质的下降。

但当你来到精酿酒吧时，剧情出现了大反转。易拉罐几乎消失不见，玻璃瓶装啤酒成为高品质的代名词。这是怎么回事呢？

我们从生产环节讲起。对于酿酒师而言，酿造过程充满了激情和创造力，如果让他说出最不喜欢的生产流程，那么一定是灌装了。这也是啤酒风味产生流失的一个环节，一旦与氧气长时间接触，氧化就会让啤酒口味变差。所以在灌装过程中，无论罐装（易拉罐）还是瓶装（玻璃瓶）都会使用氮气或二氧化碳等惰性气体加压，尽量让瓶中剩余空间内的氧气排出。对于瓶装啤酒来说，剩余空间小，本身残留氧气的可能性就降低了。而且玻璃瓶比易拉罐能够承受更大的压力，因此加压可以更高，从而获得更好的效果。

有没有发现美剧中的主人公拿起一瓶啤酒后都是帅气地轻轻一拧就打开了瓶盖，根本不用起子。其实，不是他们手劲大，那是一种特殊的旋转瓶盖。瓶盖上有"TWIST"标志，而下方的玻璃瓶口会有螺纹。一些大众啤酒品牌会使用这一设计，便于人们打开。但几乎所有美国精酿酒厂都不采用这种设计，因为其漏气的概率更高。

玻璃的化学特性稳定，不会与啤酒本身产生化学反应。但易拉罐的铝或铁材料如果直接与啤酒接触则会产生反应，劣化啤酒风味，产生金属味。所以，在易拉罐内壁都会有一层薄膜让二者相互隔绝，并且要进行相应检查。正是由于易拉罐中的啤酒口味衰退较快，部分酒厂还会调整配方，对于罐装进行特殊考虑。大部分精酿酒厂更是很少采用罐装形式。

如果不考虑重量和便捷性，单从啤酒的品质保持角度出发，瓶装完胜罐装。但玻璃瓶也有一些问题。首先就是避光性能差，无论是自然光还是人造光源，都包含了蓝光成分。手机和电脑显示器之所以五彩斑斓，都是由红、绿、蓝（RGB）三色混合而成。而其中的蓝光会对我们的视神经造成一定损害，所以当今护眼镜片都可以降低蓝光。蓝光不仅对人产生危害，它与紫外线一起还会让啤酒花中的某些化合物产生反应，形成难闻的臭橡胶味。透明的玻璃瓶无法阻挡蓝光，因此这种反应无法避免。某国际大牌啤酒就是这种包装，据说在生产时会对啤酒花进行特殊处理，减少这种物质。选用透明玻璃瓶更多是从市场角度出发，它可以给消费者带来视觉上的愉悦。另外，国产啤酒所用的绿色玻璃瓶对于蓝光和紫外线的抵抗能力较差，而进口啤酒普遍采用的棕色玻璃瓶是最佳的避光选择。

可见，如果为了朋友聚会时畅饮或者外出携带，那么罐装啤酒是方便的选择。如果更加看重啤酒的品质与内涵，还是选择棕色玻璃瓶的包装为好。

整箱买还是散着买

对于这个话题其实没有统一答案。经常与朋友聚会，喜欢畅饮的人，肯定整箱买更加划算。喜欢尝试多种风格，细品滋味的则可以零散购买，以便用更少的投入找到自己喜欢的风格。近年来，国内能够买到的进口啤酒种类越来越多，的确鱼龙混杂，尤其是德国啤酒。因此，建议大家对于没喝过的酒，不要只看价格和评论就整箱购买，否则容易造成浪费。

另外，整箱买还是散着买也与啤酒的储藏相关。如果你仔细看看包装上的保质期就会发现，不同啤酒相差很大。从福佳白的 9 个月到蓝帽智美的 5 年，通常酒精含量越高保质期越长。大部分拉格保质期在 12 ～ 15 个月。喜欢买很多啤酒放着的朋友可要注意了，对于大部分啤酒来说，越新鲜越好喝。在酒厂内的陈化耗时算是正能量，但你买回家后的储藏时间就是负能量了。长时间存放后啤酒会被氧化，其中的酒花香气和麦芽甜香都会减少。如果要长期存放，还是高酒精度的比利时啤酒合适。随着时间的延长，其风味会有所变化，不同味道的层次会更加多样。

对于家中存放的啤酒，最好找凉爽避光且湿度不大的地方。不要太阳直射，更不要靠近暖气。高温会让氧化速度加快，口味变差。最好在要喝的前一天将选出的啤酒放入冰箱，不要买回来就放进去一大批，等冰箱没地方了，再拿出来常温存放。这种反复升温降温会严重降低其品质。

选对酒杯

与葡萄酒相比，虽然啤酒是更加亲民的酒精饮料，但如果像很多美剧中的人物一样"对瓶吹"，那么就无法体会到高品质啤酒漂亮的色泽、迷人的泡沫、优雅的香气，甚至口感都会大打折扣。而选择合适的啤酒杯不仅会让综合体验上升一个台阶，还能够从不同形状的酒杯中感受到啤酒的历史和文化。

啤酒杯的材质

对于现代人来说，玻璃杯似乎是喝啤酒的首选。它能够让杯中的情况一览无余，也方便我们查看杯子的干净程度，其热传导性能适中，不会让手的温度迅速传递给冰凉的啤酒。从各方面说，玻璃都是最理想的啤酒杯材料。但在历史上，直到皮尔森风格啤酒出现，玻璃杯才能依靠机器大批量生产，价格也才降低到大众能够接受的程度，从而推广开来。当然，皮尔森风格之所以迅速压倒艾尔，流行到各个大陆，玻璃杯也是功不可没的。从此，不透明材质的酒杯和深色啤酒一起在市场上都处于下滑的趋势当中。不过我们还是有必要回顾一下以前的酒杯材料。

在历史上，贵族普遍使用金属器皿，金、银、黄铜都被用于制作酒杯。金虽然富贵豪华，但制作的酒杯一般用于祭祀或装饰，少有实际使用。罗马帝国后期，皇帝经常被下毒，当时人们相信银杯子会与酒中的砒霜产生反应，变为黑色，所以皇家普遍采用银酒杯。实际上，银酒杯变黑并非与砒霜发生反应，而是古人在制作砒霜时，由于技术条件有限，会掺入硫化物。硫化物与银反应而产生的硫化银是黑色物质。所以说，银酒杯只能检测出古人做的砒霜。然而，银器具有一定防腐杀菌的作用，能够让食物保质期延长。锡作为熔点较低、容易加工的金属，也长期用于制作啤酒杯。金属酒杯最大的问题在于热传递太快，手部的热量会迅速改变啤酒的温度，从而影响其风味。

陶器酒杯也是玻璃杯出现前的主流啤酒杯。陶器在人类文明早期就已经出现，在中国人掌握更高煅烧温度和高岭土材料前，只有陶器而没有瓷器。比较原始没有上釉的陶器会渗水，无法当做酒杯。而比较精致的陶器酒杯最大特点是会产生细腻的气泡。就像雪花要想在高空凝结成型一定要有凝结核一样，啤酒这种富含二氧化碳的液体也需要一点点刺激才能从杯底产生气泡。内部完全光滑的玻璃杯就不容易给酒体这样的刺激，比利时修道院的原厂酒杯会用激光在杯子内部进行雕刻，这样细小的气泡就会从这个位置持续产生。而陶器啤酒杯天生就具有凹凸不平的表面，因此能持续产生气泡。

啤酒杯的造型

啤酒杯的选择上有一些原则。首先是容量，适合畅饮的啤酒需要容量较大的杯子，例如夏季经常饮用的冰镇后的皮尔森，就需要500ml甚至1L的啤酒杯。而冬季喝的比利时修道院啤酒则适合用容量更小的酒杯，以便细细品尝其风味。酒杯大，长时间手握就会感觉疲劳，容易脱手。因此杯体有曲线、上宽下窄或者表面有防滑纹理就非常重要。啤酒杯是否一定要有杯柄呢？大容量酒杯普遍都有杯柄，这样会更加轻松，而且手的热量也不容易传递给啤酒。但在英国酒吧，为了防止打架斗殴时杯子成为武器，普遍都没有杯柄。酒杯的形状还会影响到喝酒时的姿势，使用高酒杯时，人会下意识的抬起下巴，这样啤酒能够迅速穿过口腔，非常适合畅饮型啤酒。而使用矮酒杯则没有这个动作，因此每口酒量都不大，适合慢慢品尝。

啤酒杯口的形状很有学问，窄口杯可以让香气更好地聚集，只要倒酒时最高处低于这个窄口就能够发挥作用。葡萄酒杯也是这个原理。而敞口杯则会让香气迅速流失，它的好处是方便畅饮，能够让啤酒快速进入口腔。另外，杯口的曲线也非常重要，如果是平直的造型，那么酒体就会直接流入嘴里，无法增加香气。设计精巧的酒杯在杯口处会增加曲线，这样啤酒入口前的一刹那会发生起伏波动，就好比夏威夷海底的珊瑚礁让海流形成适合冲浪的管状巨浪一样，酒体的波动会激发香气，增加品酒的体验。杯口内收还是外翻则会影响啤酒入口时的扩散面积，外翻有利于迅速散开，让啤酒与舌头充分接触，可以更好地感受到不同层次的味道。

小麦啤酒杯 >>

　　德国小麦啤酒专用的酒杯也被称为花瓶杯，曲线优美，与 FIFA 的大力神杯的造型颇为相似。它体积较大，下窄上宽的设计能够让泡沫聚集且持久。细长的杯身可以充分展示小麦啤酒迷人的橙黄色与云雾状的效果。这也是一款需要抬下巴喝酒的酒杯，除了开始阶段，你会发现喝的瞬间，泡沫会自然后退，只有啤酒流入口中。但正是由于这样的姿势，啤酒入口时速度较快，适合畅饮解暑而不适合细品滋味。因为，喝到的第一口酒会直冲咽喉，让人来不及品其滋味。真正能细细回味已经是第二口酒了，所以非常不适合用这样的杯子喝 330ml 装的比利时精酿啤酒。

郁金香杯 >>

　　郁金香杯集美丽的外观与一流的功能于一体，是每一个啤酒爱好者都应该有的酒杯。杯口下方的内收有利于香气的聚集，同时它所呈现的泡沫也非常美观。很多比利时啤酒都需要搭配它才完美，例如督威和粉象。

白兰地杯 >>

白兰地杯底宽且浅，显得十分敦实。杯口内收且直径较小，让香气得到最大程度的聚集，非常适合用鼻子闻酒香。白兰地杯适合饮用酒精度数更高的烈性啤酒，例如大麦酒和帝国世涛。

圣杯 >>

听名字就能知道这是一款与宗教密不可分的杯子，据说这个造型的杯子出现在耶稣最后的晚餐中。教堂和修道院中经常用这种造型的容器盛放圣水。它的开口很大，浅而宽，无论杯壁还是杯颈都用料十足，给人厚实耐用的感觉。品尝比利时修道院啤酒一定要用这种造型的杯子，它能改变你豪饮的习惯，让你像喝红酒一样细细品尝修道院啤酒的丰富层次。个人认为西麦尔的原厂酒杯是圣杯中设计最漂亮的。

锥形皮尔森杯 >>

皮尔森与玻璃杯这对老搭档最为默契，包容性也最强。适合装皮尔森的杯子造型有十多种，可以说皮尔森最不挑杯子。而其中锥形杯是最常用的，它下部极窄，顶部宽，能够让泡沫更加持久。修长的杯体再加上较薄的玻璃，为的是展现出皮尔森金黄的色泽。

扎啤杯 >>

家中的杯子与餐馆中的杯子要求不同，后者更加看重结实耐用，还要能够让顾客喝进更多的啤酒。这就是国内最常见的扎啤杯，绝对的畅饮型酒杯。虽然形状和容量各异，但扎啤杯普遍用料厚实，能够让冰镇啤酒长时间不升温，在碰杯时也更加放心。在玻璃杯出现前，德国人就用银、铜、陶瓷等多种材料制造了这种酒杯，由于德国人喜欢在户外喝啤酒，因此这种酒杯都带有盖子，防止苍蝇，而且有拇指即可快捷开盖的精巧设计。现在巴伐利亚扎啤杯依然保持了这种直上直下的造型。

直口杯 >>

在所有酒杯中，直上直下完全没有造型的就是直口杯了，它也很符合德国人追求简洁的审美观点。因此，常用在德国传统啤酒中，例如科隆啤酒、老啤酒和烟熏啤酒。直口杯细而长，气泡从杯底升起要走较长的距离，给人带来愉悦。由于无法长时间维持泡沫，通常直口杯容量不大，在 200ml 左右，这样能够很快喝完。

品脱杯 >>

假设你到酒吧点一杯啤酒，如果没有统一的度量衡，可能是大杯也可能是小杯，价格自然也无法对比。严谨的英国人为杯子增加了容积的概念，这就是品脱杯。英制 1 品脱等于 568ml，基本与现在的听装（500ml）啤酒相当。

品脱杯有多种造型，普通上宽下窄的造型对于提供啤酒的香气和视觉体验没有任何帮助。郁金香状的品脱杯有收口，香气会更浓郁。而最经典的品脱杯要算杯口下方有一圈突起的造型了，这种设计方便手握酒杯站着聊天，而且突起可以减小气泡在杯口破裂时发出的声音。大部分英式啤酒都适合用这种杯子。

香槟杯 >>

高脚而细长的香槟杯造型优雅，好像一个身材苗条的贵妇人。它不仅适合香槟，比利时兰比克也非常适合。香槟杯容积有限，不适合畅饮，与330ml装的精致啤酒是一对。由于杯口小，杯身细长，垂直倒入啤酒时能够产生更多的泡沫，获得近似香槟的效果。使用时注意，手一定要握住下半部的高脚位置，而不是杯身，否则啤酒会很快变热。

原厂啤酒杯 >>

对于某款啤酒的了解没有人能够超过这款酒的酿酒师，配方属于商业机密自然只有酿酒师掌握，而酒的特点在于香气、泡沫、前味还有回味，并且如何才能更好地呈现啤酒的特色，没人能够超过原厂。而原厂酒杯的设计上不仅考虑到了这些因素，更有背后的文化底蕴在。所以，对于自己钟爱的啤酒风格和酒厂，一定要留一支原厂啤酒杯。

福佳白的原厂酒杯被称为 Tumbler，虽然造型较常见，但用料很足，厚实的杯壁能够保证手的热度不会轻易改变其 2 ~ 3 摄氏度的适饮温度。塞缪尔·亚当斯波士顿拉格的原厂酒杯每一条曲线都经过反复推敲，耗时数年才最终完成。

适合的温度

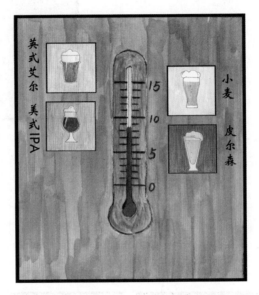

　　不同风格的啤酒有着不同的适饮温度，很多厂家会在酒瓶上标注出来。其中的规律是，越清爽寡淡的啤酒越需要低温，而味道复杂、风味浓郁的品种则需要稍高的温度才有助于香气的释放。

　　对于工业拉格来说，味淡的短板需要用冰凉的口感来掩盖，所以适饮温度只有 1 ～ 3 摄氏度。如果在饭馆里点了常温工业拉格，那么就会失去所有品酒的乐趣，只剩下干杯式的豪饮了。而高品质的拉格能够做到苦与甜的完美平衡，口味干净清透。4 ～ 8 摄氏度的温度可以充分体验到它的美妙，同时兼顾了夏日冰凉消暑的作用。小麦啤酒的成熟香蕉气息和芒果菠萝等热带水果香气，要在 10 ～ 12 摄氏度才会有更好地表现，以浓郁果香而闻名的各类艾尔则需要更高的温度，10 ～ 15 摄氏度能够让酯类物质焕发活力。难怪美国人说在英国喝的是温啤酒。美式 IPA 中具有很多冷泡而来的啤酒花芳香精油，在 8 ～ 10 摄氏度左右并非很凉的温度下可以防止其倒入杯中后迅速挥发。这样在入口时，凭借人自身的温度就可以让啤酒的香气更好地释放。如果在常温下喝反而没有这种效果。而世涛和博克等高酒精度啤酒才是真正适合常温饮用的类型，此时你会对其每一种味觉层次有所察觉，领略到其真正的美味源泉。

正确的倒酒方法

如果你急需一杯冰镇啤酒来抵抗炎炎夏日，那么可以不必在意如何倒酒。但要想获得完美的细腻泡沫，让啤酒的味道更加香醇则需要掌握这一技巧。首先，需要一个清洗干净的玻璃杯，然后将啤酒从杯口中间位置垂直且快速地倒下，而不是让杯子倾斜顺着杯壁流淌。有人称之为砸出泡沫，其实这是一种正确的方法。很快啤酒还没有倒完，杯子就已经被充满，而且几乎都是泡沫，只有很少的一点酒液。此时的泡沫并不是均等大小的，上层的泡沫会比较大，能够快速破裂，而下层留下的则是细腻的小泡沫。当观察到大泡沫消失后，就可以第二次倒入啤酒，同样是从中间垂直倒下，然后再次等待。重复

上面的步骤，第三次倒入啤酒后就可以获得一杯泡沫细腻，味道香醇的啤酒了。由于酒中的二氧化碳大部分已经释放掉，对口腔的刺激就会减小，可以让味觉更多地体会到酒香，更能体验到一杯好啤酒的丰富层次。

这个方法适合大部分类型的啤酒，但是二氧化碳含量异常高的德国酵母型小麦啤酒和进行瓶内发酵的比利时修道院啤酒则有另一套方法。首先需要一支小麦啤酒专用酒杯，修道院啤酒最好用圣杯。用冷水再次冲洗内部，这样可以保证内壁更加光滑。将酒杯与桌面呈45 度角，让啤酒顺着杯壁缓慢流下。直到瓶中啤酒只剩 1 个手指高度时，停止倒酒。手握酒瓶中上位置，让瓶底呈圆周运动，这样瓶底的酵母与啤酒就能充分混合。将这部分倒入杯中后原本清澈的啤酒会变得浑浊，但风味会更加浓郁，此时就可以享用了。

不仅倒酒有正确方法，甚至喝酒都有。随着杯中啤酒的减少，杯壁上会留存泡沫的痕迹，如果你仔细观察，它呈现出非常优美的自然形态，被人们称之为比利时蕾丝。你每次端起酒杯喝下一口后，该位置对面的杯壁上就会形成一层比利时蕾丝。如果你每次都在同一位置喝酒，那么等一杯啤酒下肚后，杯壁上就会出现平行线状的蕾丝样式，这也是饮用者被当成啤酒发烧友的标志。

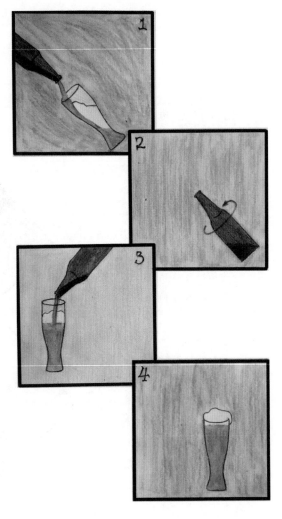

啤酒与菜肴的搭配

啤酒不仅适合看球或聊天时饮用，而且也能够与不同风味的菜肴搭配。啤酒风格与口味各异，中式菜肴同样千变万化，那么怎么样的搭配才算合理呢？其中最重要的一个原则就是重口味菜肴搭配浓烈的啤酒，清淡的菜肴搭配清爽的啤酒，而且菜式颜色与啤酒颜色更加靠近为宜。

最流行的川菜，以麻辣、重油、口味浓重为特色，很多人都会用冰镇拉格缓解口腔的灼烧感。其实清淡的拉格与川菜并不搭配，能够与辣味相互平衡的是麦芽甜更为突出的啤酒，而且酒精度要稍高，例如督威、修道院双料啤酒等。

追求原汁原味的粤菜相对清淡，菜肴色泽也没那么深。这时啤酒花苦味浓重的 IPA 会掩盖住菜肴本身的味道，所以皮尔森和德式小麦啤酒都是比较好的选择。喜欢用酱油和黄酱调味着色的北方菜，色泽偏深，咸味重，很多菜式比较油腻。选择深色且啤酒花苦味稍高的波特和世涛会更理想。另外，有些中式调味品会对口腔产生强烈刺激，例如吃饺子时蘸的醋。如果同时喝啤酒，那么几乎无法品尝出啤酒的麦香了。

一块美味的甜点搭配一杯冰凉的啤酒绝对是下午茶的最佳选择。在二者的搭配中，柑橘香气浓郁的福佳白或者美国淡色艾尔都可以与水果味浓郁的甜点，例如芒果慕斯搭配。二者的果香与花香会相互渗透，形成完美搭档。而啤酒花苦味更加明显的 IPA 则适合与奶油蛋糕搭配，这样苦味能够更好地平衡蛋糕的甜腻，体现奶油的脂香。但如果甜点本身就稍有苦味，例如黑巧克力较多的布朗尼和黑森林蛋糕，则适合搭配帝国世涛这种味道更浓郁的啤酒，才会相辅相成。另外，兰比克等酸啤可以减少甜腻感，也很适合与各类甜点搭配。

啤酒与二十四节气

虽然说国人更倾向于在炎热的夏季喝啤酒解暑,但实际上一年四季啤酒都是理想的饮料。那么不同节气适合选择什么样的啤酒呢?

立春:竹外桃花三两枝,春江水暖鸭先知。

督威(比利时淡色烈性艾尔)

雨水:好雨知时节,当春乃发生。

维奇伍德魔法精灵(英式淡色艾尔)

惊蛰:微雨众卉新,一雷惊蛰始。

卡力特黑啤(德式黑拉格)

春分:仲春初四日,春色正中分。

保拉纳慕尼黑淡色拉格

清明:清明时节雨纷纷,路上行人欲断魂。

艾丁格小麦深色啤酒

谷雨:问东城春色,正谷雨,牡丹期。

保拉纳萨温特啤酒(双料博克)

立夏:水满有时观下鹭,草深无处不鸣蛙。

福佳白啤(比利时白啤)

小满:野棠梨密啼晚莺,海石榴红啭山鸟。

罗登巴赫特级啤酒(法兰德斯红色艾尔)

芒种:时雨及芒种,四野皆插秧。

角头鲨 60 分钟 IPA(美式 IPA)

夏至:东边日出西边雨,道是无晴还有晴。

鹅岛苏菲(比利时赛森)

小暑:青青树色傍行衣,乳燕流莺相间飞。

沃森皮尔森（德国皮尔森）

大暑：亭亭松篁边，小池开菡萏。

林德曼樱桃兰比克

立秋：风吹一片叶，万物已惊秋。

铁锚自由艾尔（美式淡色艾尔）

处暑：处暑无三日，新凉直万金。

健力士生啤（爱尔兰世涛）

白露：空庭得秋长漫漫，寒露入暮愁衣单。

纽卡斯尔棕色艾尔（英式棕色艾尔）

秋分：漏钟仍夜浅，时节欲秋分。

莱福金啤（比利时淡色艾尔）

寒露：嫋嫋凉风动，凄凄寒露零。

斯巴登慕尼黑啤酒节专供正宗三月啤酒

霜降：蒹葭苍苍，白露为霜。

创始者蛮荒混蛋苏格兰艾尔（苏格兰艾尔）

立冬：醉看墨花月白，恍疑雪满前村。

岬角海上雄风波特（美式波特）

小雪：忽如一夜春风来，千树万树梨花开。

智美蓝帽（比利时修道院啤酒）

大雪：孤舟蓑笠翁，独钓寒江雪。

森美尔帝国世涛

冬至：天时人事日相催，冬至阳生春又来。

布什圣诞啤酒（冬季暖身酒）

小寒：小寒高卧邯郸梦，捧雪飘空交大寒。

卡斯特巧克力四料

大寒：大寒雪未消，闭户不能出，

圣伯纳 12 号（比利时修道院风格啤酒）